올_원
AII one

무각 보선

도서출판 中道

차 례

5장 알지 못하는 우주

6장 인간 설계도

7장 우리

이제 육신의 계절이 봄, 여름, 가을을 넘기고 겨울을 맞다보니, 본인 스스로 자신의 인생을 정리하기 위해서 뒤돌아보는 인생 사계절 중 가을의 단풍이 얼마나 소중한 것인지 너무 늦게 알았지만,(1~20대 봄, 21~40까지 여름, 41~60까지는 가을, 60을 넘기면 겨울임) 그래도 남은 소중한 아니, 전부인 오늘을 진지하고, 알차게 살아가는 방법을 알았다지만, 그대로 다 실천하며 살고 있지 못하는 것은, 육십년이 넘는 삶 속에서 익힌 습관이 나를 이끌고 있으니, 지금의 나의 행동이 온전히 바른길로만 갈 수가 없다고 변명합니다.

그러기에, 우리에게는 더욱 소중한 이 순간의 삶이 평생 삶의 전부요, 나의 진정한 행복이 된다는 것을 우리가 혹여, 놓치고 있으면서 먼 미래만을 동경하고 계시지는 않으신지요? 우리들의 삶이 집단사회의 구조적 영향을 많이 받는 것은 사실이지만, 우리가 함께하는 삶도 소중하지만, 그 보다 자신 삶의 가치를 확고히 해두고, 자신의 목적을 분명히 해둘 때 비로소, 나의 삶이 후회하지 않는 삶으로써, 완벽하고 아름다운 삶이 될 수 있다는 것을 확실히 해둡니다.

물론, 아니라고 반론을 제기하실 분이 많으시겠지요? 그런 분들에게 변명하고 싶지 않고요, 그들을 다 나의 짧은 소견으로 설득하려고 한다면, 이 또한 나의 어리석음의 극치가 될 터이니 말입니다.

이 졸저는 십여 년 전에 내놓았던 『나 너 그리고』를 출판하고, 부족하다 느낀 부분을 경험으로 체득하기 위해 선종禪宗을 찾게 되었습니다.

이제야 비로소 자신이 어디에서 왔으며, 어디로 갈지를 알고서, 자신의 철학을 온전히 정리해 세워놓고 나니 이미, 수천 년 전에 올바른 가르침을 남기신 석가모니 부처님께 감사의 염불을 올리지 않을 수 없기에 소박한 염불당을 인연하여, 아침저녁으로 감사 예를 갖추며 살아가고 있습니다.

이즈음 하면서 언제나 부족한 스승을 변함없이 지지해 주시는 제자들에게 감사드리면서, 이 졸저에 인연된 모든 분이 각자의 위치에서 즐겁고 행복하셨으면 좋겠습니다.

찬바람이 불기 시작한 설악산 아래

　이 졸저는 어느 특정한 방향의 소설이나 웃겨보려는 이야기가
아니라, 우리 자신을 찾아 나서는 길이기에 누구에게는 긴 시간
이 될 것이며, 어느 이들에게는 짧게 남은 아주 소중한 시간을
행복하게 보내기 위한 이야기입니다.

　우리는 우주 공간의 아주 작은 태양계에 속한 지구별 안에 수
없이 많은 종 가운데 가장 지혜롭고 슬기로운 종이라지만, 처음
부터 현재처럼 뛰어난 지식을 가졌던 것은 아닙니다.

　약 137억 년 전에 양성자의 내부에 최대의 에너지를 머금다가
한순간 폭발을 통하여(이를 빅뱅이라 한다.) 지금의 우주가 탄생했
다고 보고 있습니다.(과학자들의 추론)

　이러한 빅뱅으로 우주가 생겼으며, 수많은 은하계 속에 우리
지구가 속한 작은 태양계가 행성 되고, 45억 년 전에 지구별이
탄생하고, 그 후 많은 시간이 흘러 땅과 산, 단백질과 같은 아주
작은 분자들의 만남에서 얻어지는 에너지들이 모여 조건을 갖추
며 생명은 시작되었다고 학계에 보고되고 있습니다. 이러하듯
이, 조건을 갖춘 박테리아에서부터 진화에 진화를 걸쳐 지금의

인간종이 있게 되었습니다.

수많은 위험과 죽음의 두려움에 떨며, 생존을 위한 방법을 찾아 반복된 진화를 거쳐 오늘날 우리 인간종이 존재합니다.

물론, 우리가 접하거나 알고 있는 우리 종과 다른 생명을 발견한 그것은 아주 조그만 발견에서부터 시작하여, 지금까지 최고의 발견을 했다지만, 우리는 시각적으로 보고 확인하는 것만 알 수 있으며 그것은 지극히 일부의 종입니다.

바로 이 순간에도 생물학자나 과학자 자신들도 예상하지 못한 곳에서 생명체가 발견되고 있습니다. 이 말은 나의 작은 소견으로만 고집하는 것은 분명 아닙니다.

세포학자들이 밝힌 우리 육신(몸)의 세포 하나에 수천의 생명이 존재한다고 했으며, 천문학자들은 이 우주 공간에 확인된 행성만 해도 수천억 개가 넘을 수 있다니 이러한 행성에 존재하는 생명체는 과연 얼마나 많을까?

우리가 알거나 상상했던 그런 종들만일까?

우리 인간들은 눈으로 보고 만져지는 것만 있다고 생각하는 착각이, 우리를 더욱 캄캄한 어둠 속으로 이끌고 있지는 않은지?

이렇게 궁금증을 증폭하니 슬그머니 유일신 이야기가 고개를 들고 일어납니다.

그러나 어쩌랴! 사항이 완전히 달라져 버린 것을 오늘날 이미 많은 과학자들은 근본적인 과정을 완전히 사람들의 통제 아래 두는데 성공하였습니다.

강력한 생명공학의 기술로 살아있는 세포안의 DNA를 수정하면서 인간이 지구상의 모든 종들을 정의하는 유전자 암호를 합리적으로 수정 조작할 수 있게 되었으니 말입니다.

만약, 신이 존재한다면 아니, 신을 주창하는 그들의 말대로 유일신이 존재한다면, 오늘날 과학자들은 어떤 처벌을 받아야 마땅한가?

그리고 유일신의 계시로 이루어진 그들의 성전에서 주창하던 지구 중심의 우주 천체가, 지금엔 우주 천체 하나로 헤아릴 수 없이 많은 은하계를 품고 있으며, 이렇게 큰 은하계 속에 이 작은 은하계에 속한 태양계가 있고, 이런 태양계 속에 태양을 구심점으로 지구와 여러 행성이 돌고 있음을 우리들은 천문학, 과학자들의 덕분에 알게 되었는데 왜? 유일신은 벌을 주거나 반박하지 못하는지 의문이 들기도 합니다.

또한 아프리카나 경제가 어려운 여러 나라에서 이리 저리 떠돌아다니는 난민들과 어린이들은 굶주리다 못해 왜 죽어야 하며, 이념적 전쟁으로 수천만 명이 희생되고 있는 지금도 그들은 어디에서 무엇을 하며, 어디에 숨어 깊은 잠을 자고 있기에, 지구촌 곳곳에서 일어나는 이러한(그들의 능력으로 보아 아주 작은 일) 고통을 놓아두고 있는지 궁금해지는 것입니다.

사실을 왜곡 선동하여 얼마나 뛰어난 지식을 지닌 이들을 죽음으로 몰았으며, 또한 우리가 알고 있는 지식인들의 가르침보다 더욱 앞선 이들의 식견을, 우리도 지닐 수 있던 기회를 얼마나 오랜 시간 묻어두었던가?

권력투쟁으로 또한 얼마나 많은 인간을 살생했으며 희생시켰던가?

오늘날에도, 이념적 이데올로기로 인한 전쟁의 희생자가 지구촌에서 얼마나 많은 희생을 강요받고 있으며, 자신의 선택과는 관계없이 죽음으로 내몰려지고 있는가?

그러한 이념의 주창자들도 그들의 주장이 틀렸음을 알면서도 인정하지 못하는 형태가, 현 세상의 신과 정치, 금전, 집단권력으로 결탁된 추한 자의 모습입니다.

이 글을 정리하는 이 시간에도, 중동의 화약고에서 5차 중동전을 준비하고 있으며, 곳곳에서는 이미 죽음의 냄새가 온 세계를 뒤덮고 있는데, 이와 같은 일들이 국민이 원하는 것인가 물어볼 수도 없습니다.

그러나 그것들은 눈에 보이고 우리 스스로가 알 수 있는 세상의 일이지만, 우리가 알 수 없는 그림자들이 더욱 뿌리 깊게 그들만의 방법으로 상호결탁 되어 존재해 있다는 것입니다.

그러니 이런 복잡한 세상에 자신의 선택으로 오게 되었다면, 이 저자를 멱살잡이 할 사람이 어디 한둘일까마는, 그것은 그들의 탓이니 어쩔 수 없는 일입니다.

우리는 벗고 왔으며 벗고 갈 것인데, 누가 벗은 것을 틀렸다 하여 손가락질하는 이런 세상이 됐는지, 우리 스스로가 되돌아 챙겨 살펴보아야 할 것입니다.

보이는 것은 거짓이고, 보이지 않지만 온 우주에 가득한 아주 작은 것들이 상호 연관 관계를 가지고 에너지의 파장과 폭발에 의한 갖가지의 모양으로, 우리와 함께 존재하고 있는 것이 사실인데 말입니다.

우리는 눈에 보이지 않는다고 없다 하지만, 보이는 것은 조건적 인연에서 나타난 모양이며, 고정불변의 실체라 할 수 없는 환영인데 우리는 그 환영이 진실된 것이라 믿고 살아가고 있습니다.

굳이 예를 들어본다면, 고철의 여러 가지의 부속물(적게 보면, 원자, 분자 등 크게 보면 나사못 등등)들을 자동차(조건적 모양)라는 완성

품을 만들기(인연법칙) 위해서는 수없이 많은, 크고 작은 부속이 모여야(인연) 하나의 완성된 자동차가 되듯이, 우리 역시 눈에 보이지 않는 작은 분자, 원자, 전자, 중성자 등이 모여 합한 결과로 만들어진 결과물이 바로 육신이며, 주변의 환경과 자신의 반복적 행동의 결과인 습관이 인연하여, 나의 의식(정신)이라고 말하고 있음을 분명히 인지하여야 합니다.

이를 바로 인지하지 못한다면, 평생을 자신이 누구이며, 왜 살아야 하는지도 모르면서, 무리에게 속으며 살아가게 되는 것입니다.

정치는 오로지 국민을 위한 것이 되어야 하지만, 국민을 위한 것이 아닌 권력자들의 잔칫상이 되어 마냥 나누어 가지며 자신들의 욕심 채우기에만 급급하고, 기업인들은 자신들의 이익을 위해 소비자를 기만하고, 단체가 결성되면 근본과 설립 목적은 뒤안길로 사라지며, 명예와 금전에 휘말리고, 재력으로 모든 것들을 할 수 있다는 착각으로 이념을 활용하고 선동하여 편을 나누어 투쟁케 하고, 정의나 신의는 사라지고 이익을 극대화하려는 금융권력자, 소수집단의 이익을 대변한다는 조합의 우두머리는 자신의 이익만을 염두에 두고 투쟁하고, 서민의 분쟁을 해결해야 하는 사법부는 정치나 금융권력과 결탁하여, 법의 존엄과 중도적 원칙을 스스로 허물고 있는 이러한 저질스런 세계 질서 속에서, 인간의 최소한 권리를 유지하며 살아가려면, 기초적 지식의 기반을 갖추어야만 속지 않고 살아갈 수 있는 세상입니다.

그러기에 우리 개개인이 충분한 이해와 지견으로서 분명하고 확고한 자신의 철학이 서 있어야 할 것 같아, 이러한 부족한 졸저를 꾸며보게 되었습니다.

또한 이 졸저에는 『나 너 그리고』 일부 내용과 많은 저자의 저서에서 유익한 내용을 나의 철학을 통하여 확인하고, 살펴 독자분들에게 유익하리라 생각되는 대목을 그대로 혹은 일부를 발췌하였으며, 그러한 내용이 저자의 철학적 깊이와 지식이 부족하여 다소 불편하게 느껴질 수 있음을 밝혀둡니다.

다만 우리들은 이러한 여러 학문을 통하여 자신이 누구이며, 어디서 왔고 어디로 갈 것인지 알고, 무명無明을 깨우쳐 삶의 고통에서 벗어나는데 도움이 될 것이라 확신하기에 꾸며진 이 졸저의 내용은 진심인 것입니다.

아울러 『우주 시간 그 넘어』의 저자 크리스토프 칼파르와 『창백한 푸른점』의 저자 칼 세이건, 『다세계』의 저자 숀 캐럴과 『영혼의 물리학』의 저자 아미트 고스와미, 『클래식 파이만』의 저자리처드 파이만, 생물학자인 제니퍼 다우드나 새뮬어 스탠버거의 『크리스퍼가 온다』, 『위대한 설계』의 저자인 스티븐 호킹 등 많은 물리학, 천문학, 생물학 관계의 저서 저자들에게 진심으로 감사드리며, 혹 옮기며 내용이 부족하게 된 점이 있다면 이는 옮긴이의 잘못이라는 점을 밝혀두면서, 이 졸저에 인연된 모든 분들의 행복한 삶에 부족한 졸저가 밑거름이 되길 기원합니다.

새벽바다 옆에서 파도소리와 함께 하며

제 1 장

작은 세계

우주 천체는
원자, 분자, 전자, 중성자
등과 같은 아주 작은 분자들의
움직임으로
이루어진 하나이다.

보선 합장

1-1 생멸

생과 멸은 우주에 존재하는 모든, 모양을 가진 종에게는 피할 수 없는, 하나의 과정이라 할 수 있습니다.

우주가 존재하는 한 영원히 현재의 그 모습을 지속할 수는 없습니다.

조건적 모양으로서 생(生) 했다가, 그 조건이 다하면 반드시 멸(死) 하여, 다시 다른 조건에 충족한 모습으로 올 것이기 때문입니다.

우리의 착각은 이번 생에 인간종으로 왔으니, 다음 생도 인간 종의 모습으로 올 수 있을 것이라는 생각은 대단히 어리석은 생각입니다.

현재 인간의 모습은 얼마나 많은 시간을 보내고 탄생했는지 알지 못하고, 부모의 인연으로 왔겠지라는 너무나 간단히 생을 생각하는 어리석음이 우리의 소중한, 어쩌면, 인간종의 마지막

생인지도 모를 가장 소중한 삶이라는 것을 깨닫지도 못하고 살아가다가 멸할 때가 되어서야, 후회하는 안타까움을 안고, 마지막 생에 집착하는 이들을 흔하게 볼 수 있습니다.

어느 노인의 죽음 옆에서 슬프게 울고 있는 가족을 보며 진정한 죽음의 의미를 알고 있다면, 저리 슬퍼하지 않아도 될 것이라는 생각을 자주 했습니다.

사후의 슬픔보다 생존 시 조금의 배려와 친절이 더욱 값진 것을 알면서도 행동으로 실천하기는 어렵습니다.

그것은 순간적 생각으로는 실질적 행동으로 옮겨지지가 않습니다.

우리는 평상시 반복된 생활습관이 우리 생의 조건에 엄청난 영향력을 갖기 때문입니다.

우리는 흔히 이행 연습이라는 것을 합니다.

모든 행사에 앞서 그 행사의 이행 연습을 반복적으로 진행하듯이, 우리의 행동은 반복적인 습관이, 행위를 쉽게 해준다는 것을 우리 모두 너무나 잘 알고 있지만, 막상 닥치면 못하는 이유는 연습이 부족한 탓일 것입니다.

생이란 사실적으로 살펴보면 미분자의 에너지들이 뭉치어 움직이는 것이라 할 것입니다. 이렇게 정의하면 의견을 달리하실 분들도 있겠지만 말입니다.

조건이란 유정, 무정 모두에게 다르지 않습니다.

어찌 그럴 수가 있을까?

종에 따라 정도의 차이는 있을지 모르지만, 지구별을 의지하고 있는 모든 종은 물기운, 바람 기운, 불기운, 땅 기운 그리고 공간이라는 다섯 가지의 조건이 같기 때문입니다.

이를 살펴본다면, 물기운은 수분이니 인간이나 동물이나 식물이나 미생물이나 모두가 수분이 없다면 살 수가 없으며, 바위 같

은 무정물도 형상을 갖추려면 물의 기운이 반드시 혼합되어야 하듯이 물기운을 벗어나 살 수 없습니다.

바람 기운은 공기이니 생명체는 호흡하지 않으면 죽습니다.

물론 무정물들도 호흡합니다. 다만, 시간의 차이와 호흡하는 방식은 다르지만 말입니다.

불기운이란 열을 말하니, 태양의 따스한 기운이 없다면, 지구별의 유정물들은 얼마 살아남지 못할 것입니다. 물론 무정물도 건조에 지장을 초래하여 같을 것입니다.

이 장에서는 화학적인 표현은 생략하도록 합니다.

만약 태양이 지구에 영향을 주지 않는다면, 지구별은 얼음으로 뒤덮여 인간종뿐만이 아니라 상당수가 멸종할 것이며, 공간이 없다면 무엇이 어디에 의지하여 살아남아 있겠는가?

이러하듯이 지구별의 모든 종은 같은 조건을 바탕으로 태어났기에 분별을 가져 멸시하거나, 함부로 살생하는 것은 나를 해하는 것과 같다 할 것입니다.

이와 같은 조건으로 모양을 가지고, 움직이는 것을 나는 생(에너지화합으로 만들어진 모양)이라 정의하며, 그렇다면 멸(에너지화합의 붕괴)이란 모양의 흩어짐이라, 움직임을 그친 것을 나는 죽음이라 정의합니다.

유독 지구별 속에 존재하는 많은 종 가운데 인간종만 유독 죽음을 슬퍼합니다. 이것은 착각이요! 감정에 휘말린 것입니다.

냉정히 살펴봅시다.

모든 종의 육신은 조건으로 잠시 모양을 갖추었다가 조건이 다하면, 모양을 이루었던 원자, 전자들이 흩어져 새로운 조건에 따르기 때문에 이렇게 주장하는 것입니다.

이러한 순리를 냉철히 살피고 보면, 멸(죽음)이란? 당연히 생의 준비 과정이니 슬퍼하여야 할 것만은 아니라고 생각합니다.

물론, 감정적으로 서운하고, 이별의 아쉬움에 서러움의 눈물을 보일 수는 있겠지만, 그 감정에 많은 시간을 허비한다면 너무나 안타까운 것입니다.

그러기에 생멸은 원자들의 순환이요, 지극히 평범하고, 지구별에 존재하는 모든 생명은 미워하거나, 확대하여 폭행하고, 자신들의 생각으로 동물들을 대하는 것을 지향하고, 모두가 조건에 따라 모양을 가질 수 있도록 노력할 때 지구별은 더욱 푸른 별이 될 것입니다.

1-2 입자

한마디로 증명할 수 없는 것이 입자라는 분들이 계십니다.

그러나 과학자 중에서도 물리학을 연구하시는 분들이 21세기 즈음하여 상당한 과학의 쾌거를 이루어 내놓았습니다.

육신의 눈으로는 관찰할 수도 알아볼 수도 없는 아주 미세한 원자를 입자라 표현합니다.

물론, 입자를 더욱 세밀하게 나누어 보려면 많겠지만 이 장에서 입자라 표현하면서 넘어가도록 하며, 5장에서 상세하게 나누어 살펴보도록 하겠습니다.

보통 햇빛, 달빛, 별빛, 불빛이라고 통칭하는 빛은 에너지의 부딪침(붕괴)의 파장이면서 입자이기도 하답니다.

빛의 파장을 눈으로 바라보려면, 이마에 주름을 지어 두 눈을 실눈으로 뜨고 주시해보면, 아른거리듯 흩어지는 것은 에너지의 파장이며, 빛을 발하는 곳에서는 입자의 움직임이 목격자에게로 도달하는 것이라 할 수 있겠습니다.(굳이 표현한다면)

이렇듯이 우리가 육안으로 바라보는 모든 빛은 에너지 활동의 파장이며, 입자의 이동이라 할 수 있을 것입니다.

그렇다면, 우리는 어떠한가? 궁금증이 유발됩니다.

사실 우리도 분자로 이루어졌기 때문에 원자들의 움직임에 따른 빛을 발산하며 미세한 입자를 방출하고 있는 것입니다.

어느 종교에서는 "나는 빛이요, 진리라" 했고, 또 다른 종교에서 "색즉시공 공즉시색"으로, 또 다른 교단에서는 "중용"으로 표현하기도 합니다.

과학의 발달로 현미경이나 망원경 같은 확대경이 없었다면 상상할 수도 없는 세상에 살아가고 있지만, 지구별에서만 우리가 아직도 알지 못하고 있는 미지의 세상이 60%가 넘는다고 하니, 입자의 세상을 완전히 살펴볼 수 있는 시대에는 얼마나 작은 소립자들과 또 다른 종들을 접할 수 있을지 저 자신도 기다려집니다.

우주 공간을 지나 지구별 속에서 모양을 갖춘 모든 것들은 원자들이 조건적 결합으로 이루어진 모습이므로, 모양이 다르다는 것은 결국 조건이 다를 뿐 모두가 입자 즉 원자, 전자, 중성자들의 결합으로 이루어진 것입니다.

그러니 작던지 크던지 누가 누굴 배척하고 미워할 수 있을까요?

같은 종으로서 시기하고, 미워하며 질투와 배척 그리고 계급을 정하여, 부리고, 잘났다 못났다, 배웠다고 우대하고, 그렇지 못하다고 배척하는 분별의식이 심한 종은 아마도 인간보다 더한 종은 없다 할 것입니다.

무엇이라 하더라도 원자의 조건적 만남이요, 조건이 다하면 반드시 흩어져 다른 조건으로 뭉칠 것을, 무엇이 있어 분별할 것인가?

무더운 여름철 더운 몸을 식혀 주는 시원한 바람도 조건이 되

지 않으면 불어주지 않고, 저 넓은 바다에 파도도 조건이 맞지 않으면 일렁이지 않을 것을, 무엇으로 옳고 그름을 결정하여 다르다 배척할 수 있겠는가 말입니다.

자신의 개인적인 이익과 기쁨보다 타인의 행복을 축복해줄 수 있는 우리가 되어야겠습니다.

물론, 감정 속에 살고 있는 우리 자신들을 알고 그 감정을 벗어나는 노력을 해야만 생멸의 고통에서 벗어나 진정한 자유를 가지게 됩니다.

1-3 분열

플라톤의 "국가" 7권에 유명한 이야기가 있죠. 어두운 동굴에 사람들이 갇혀 있습니다. 그들은 앞에 있는 동굴 벽을 향해 묶여 있으므로 뒤쪽에 있는 횃불이 벽에 비추어 주는 그림자만을 볼 수 있습니다.

그들은 그림자가 실재라고 생각합니다. 그러던 어느 날 그들 중 한 사람이 풀려나서 동굴 밖으로 나와 햇빛과 넓은 세계를 발견합니다.

처음에는 쏟아지는 빛에 눈이 부셔 혼란스러워합니다.

잠시 눈이 밝음에 적응하지 못했던 것입니다. 그러나 잠시 후 모든 것을 그가 볼 수 있게 되자 그는 흥분하였습니다.

그는 동료들에게 돌아가 이야기를 해주지만 동료들은 그의 이야기를 믿어주지 않았습니다.

그러합니다.

우리는 자신이라는 아집과 편견의 동굴에 갇혀있는 것입니다.

우주 지구별에 존재하고 있는 엄청난 종 가운데, 유독 인간은 자기중심적인 사고로 가족의 분열, 직장의 분열, 사회집단의 분열을 일으키는 감정의 기복을 자신의 전부인 듯 착각으로 살아가는 종이라 해도 될듯합니다.

그렇습니다.

1장 1절에서 말씀드렸듯이 생멸의 착각이 우리의 육신에게 집착을 가지게 하고, 원자의 조건적 만남으로 모든 모양이 갖추어

졌음을 몰라 변화무상한 존재이기를 바라는 욕심으로 인하여 육신에 집착을 가져 슬퍼하고, 분노하며 살아가는 종은 인간뿐이라 할 수 있습니다.

이것은 원자의 조건적 만남으로 이루어진 모양을 마치 흩어지지 않는 영원불변의 모양이길 바라는 인간의 욕심이 만들어 낸 착각이 굳어 당연히 조건이 다하면, 분열될 육신의 자재인 원자, 분자, 중성자 등 인지하지 못하는 우리의 억측이 만들어 놓은 작품입니다. 이러한 착각이 우리 인간을 분노와 전쟁의 씨앗으로 발전시킵니다.

오늘날 지구상의 많은 분쟁 지역을 살펴보면, 자신의 편견으로 나누어놓은 이념의 전쟁이나, 종교적인 편향과 강대국의 이익에 편승하여 얼마나 많은 인명과 재산손실을 가져오고 있으며 또한 그 피해를 말없이 견디어 내고 있는 자연은 이제 더 이상 피할 곳이 없어 분열을 맞고 있음을 알고 있지만, 굳이 모른 척하는 집단 이기주의적인 사람들의 오만이 헤아릴 수 없는 숫자의 종들에게 피해를 주고 있음을 인간은 반성하여야 할 것입니다.

우리가 저질러 놓은 일들의 결과가 부메랑이 되어 우리 인간들에게 되돌아오고 있음을 알면서도, 이러한 행위를 지속하면 할수록 자연의 분열로 인한 인간의 고통은 배가 될 것입니다.

오늘날 지구촌의 국가들이 상호결속하고 평화를 주창하지만, 이도 이념의 분쟁으로 편견적 결속이니 그로 인한 후유증은 반드시 전쟁이라는 결과로 분열을 더욱 빠르게 조장하는 것이 될 것입니다.

조건 없는 평화란 가식이 아닌 진정으로 자기중심이라는 편견을 버린 평화만이 지구촌에 존재하는 많은 종이 자연의 순리에 따라 행복해질 수 있음을 밝혀둡니다.

1-4 화합

무엇을 화합이라고 해야 할지 아무런 고민 없이 이 장까지 왔습니다. 막상 글을 이어가려니 갑자기 번민이 생깁니다.

흩어짐이 극에 달하여 뭉쳐지는 것을 화합의 시작이라고 하겠지만, 감정으로 화합을 표현한다면, 다른 모든 견해를 하나로 일치 한다고 말해야 할까요?

다소 차이가 있을지는 모르겠지만 저는 이 장에서 이렇게 말씀드립니다.

'흩어짐이 뭉치는 것이며, 뭉침이 흩어지는 것이다.'

다시 말씀드린다면, 우주 공간에 흩어져 있는 원자, 분자들이 모양을 갖는 과정을 화합이라고 표현합니다.

소수로서 동족이 같은 환경에서 살아갈 당시에는 생존 생활에

질투, 시기와 양의 부족함이 없었기에 분쟁이 없었을 테고, 서로

의지하고, 화목하고 행복했겠지만, 다수로 이루어진 종족에서
먹이와 휴식공간이 부족함에, 투쟁이 발생하게 되고, 자신의 집

단을 넘어 타 집단의 먹이를 뺏
기 위해 무력을 행사하고, 자신
들의 이익을 위해 살생을 멈추
지 않는 악행의 굴레에 갇혀 살
아가고 있음은 어쩔 수 없는 삶
의 수단이라 보아야 한다면, 우
리 생명체들의 삶은 너무나 혹
독한 삶을 살아가야 하는 운명
이라 할까요?

어느 불교도는 그러기에 이러
한 삶을 고통이요, 이러한 이치
를 모르는 것을 무명이라 하였
으며, 또 다른 종교인 기독교에
서 그러한 고통을 원죄라 표기
하기도 하였습니다.

그러나 이렇게 우리의 삶을 고
통으로 받아들이는 것은 감정에

의지한 삶을 살고 있기 때문이라고 저는 말하는 것이며, 우주의 지구별에서 조건적 화합으로 인한 원자, 전자, 중성자의 화합의 덩어리인 모양은 반드시 흩어지면 또 다른 조건으로 화합하게 될 것입니다.

미래에 우리가 어떤 모습으로 올 것인가? 하는 궁금증이 있겠으나 그것을 어떤 사람도 명확히 말을 할 수 없지만, 현재에 모양을 갖추고 있는 모든 종에게 분명한 것은 반드시 올 수밖에 없는 원자, 전자, 중성자로 이루어져 있다는 사실이다. 이러한 분자들의 화합은 당연한 것으로 우주 전체를 하나의 시스템으로 상호 의존하여 반복 회전하고 있는 것을 불교에서는 "제행무상"이라고 하며, 이 모두를 구분 없이 하나로 바라보고 있다는 것이며, 이렇게 흩어짐과 뭉침을 반복하는 과정을 불교는 "윤회"라는 표현으로 사용하고 있는 것입니다.

오늘날 지구촌에서 가장 상위에 자리한 인간종이 자비와 나눔으로 모든 생명체를 우리와 하나로 바라볼 수 있을 때 전 세계는 투쟁 없는 하나의 지구촌이 될 것입니다.

제 2 장

힘의 세계

이러한 천체의 에너지 작용으로

뭉쳐진 작은 별이

나의 모습이라~

에너지의 작용이 멈추면

천체로 흩어져

새로운 모양을 인연 할 것이다.

보선 합장

2-1 상위적 힘

우리는 흔히 직장에서 자신보다 먼저 입사한 선배나 직장 상사에게 부당한 처우를 당해본 경험이 있을 수 있습니다.

물론, 여러 가지의 방법으로 집단 괴롭힘이나, 따돌림 등을 통하여 갑질을 행사하고, 먼저 입사하여 회사의 규칙이나 업무의 능력이 우위에 있다는 것을 이용하여, 아래 사원들을 괴롭히는 상사들이 생각보다 많아 사회적 이슈로서 뉴스로 보도되고 있는 것들이 현실적 사실입니다.

이러한 상위적 힘을 악용하는 상사들을 살펴본다면, 많은 이들이 자신이 입사 초년생 시절에 받았던 불이익에 관한 보상 심리적 차원의 행동이거나, 자신의 부족함을 숨기고 싶은 심리적 압박에서 오는 부작용의 표현들을 들어내는 행위가 많은 것 또한 그냥 넘기기 쉽지 않은 것입니다.

우리는 흔히 많이 배우고 잘났으며 재산 많고, 명예를 지닌 사람들이 더욱 자신을 낮추고, 타인을 존경하는 사람들을 만나게 되면 왠지 같아지려는 노력보다 부러워하며, 자신이 소외되는 마음이 앞서는 것은 당연한 것으로 생각됩니다.

그만큼 그런 위치에 합당한 행동을 하시는 분들이 많지 않으니 당연히 존경받게 되는 것입니다.

물론, 직장생활에서만 나타나는 것은 아닙니다.

교육의 신선한 성역이 되어야 하는 학교에서도, 집단 따돌림이나 집단 구타가 같은 또래의 자랑거리로 동영상으로까지 촬영 제작하여 공유하는 시대에 우리는 살고 있습니다.

이러한 힘의 우월적 행위는, 어찌 보면 아주 오래되고 잘못된 전통적 행동으로서, 시대적 문명변화와 가족사의 변천(핵가족)에 따른 방법이 다소 변화했을 뿐, 집단사회의 보편적 행위일 수 있으므로 집단의 직위가 힘으로 작용하는 모순적 사회의 근본 문제점이라 꼬집을 수 있겠습니다.

현재의 국내 젊은이들의 시험제도(대학입시, 취업) 방법도 이론적 시험보다는 실기 중심과 실기의 활용적 능력을 면접과제가 되고, 진급시험은 원만한 인적교류의 능력 또한 포함되며, 사회구성의 인지 능력을 중시하는 제도가 필요하다고 생각해봅니다.

이러한 제도가 자리를 잡고 활성화가 되면 이러한 직장문화를 가진 부모를 둔 자녀들 또한 부모들의 자율적 능력에 따른 생활을 본받게 되어, 인성교육이 특별히 필요하지 않다고 할 정도로 여유로운 사회 분위기가 조성될 것입니다.

2-2 정치적 힘

  정치란 집단사회의 각 개인의 의견을 수렴하고, 상호 이해관계의 다툼을 정리하고 해결하는 과정을 의미한합니다.

  물론, 문맥대로 한자를 풀이해 보면 '정사 정(政), 다스릴 치(治)'로서 바르게 정사를 본다는 뜻입니다.

  달리 표현해 본다면, 사회의 구성원이자 주권자인 국민의 의견을 수렴하고, 국민의 행복과 안녕을 위해, 국민의 의견을 모아 국가의 운영자를 선출하고, 이렇게 선출된 정치인은 나라의 모든 국민을 위한 정치를 펼쳐 나라를 이끌어 갈 때, 비로소 국민은 태평하고 행복할 것입니다.

  그리고, 건국의 이념 또한 매우 중요합니다.

  자유민주주의는 국민이 국가의 주인인 나라이므로, 국민으로부터 나온 힘을 국가기관이 잘 나누어 사용하는 국가를 자유민주주의라 말할 수 있겠습니다.

　이러한 자유민주주의 국가를 운영하려면 국민의 의견을 모아 국가의 권력을 위임할 대상을 선출하고, 법을 만들 수 있는 국회를 구성하여, 헌법을 만들고, 헌법에 따라 국가의 일을 수행하는 행정부를, 법에 비추어 잘못된 일이나 다툼을 바로 잡을 수 있는 사법부가 있어야 하며 국가를 지켜줄 국방부가 존재해야 합니다.

　이 뿐이겠습니까?

　나라의 모든 국민이 불편함이 없도록 하기 위해 많은 행정기관이 필요한 것입니다.

　이러한 많은 곳에 행하여야 할 일들도 수없이 많을 수밖에 없습니다.

　그런데 이러한 중요한 일들을 국민을 위해 사용하지 않고, 자신이나 같은 사고 집단의 이익을 위해 사용한다면 어떻게 되겠습니까?

　오늘날 많은 나라에서 관료들의 부정부패로 인한 죄의 대가로 감옥살이를 하는 이들도 많으며 자신의 일생을 극단적으로 정리해버리는 일들도 많습니다.

　국민의 행복을 위해 관료 자리를 맡겼더니 자신의 이익을 위해 직권을 남용하고, 국민의 권익에 손실과 고통을 넘어, 나라의 살림을 부실하게 관리해 주신 덕분에 국민이 납부한 세금을 축내고, 국민들의 세금을 높이므로 국민을 도탄에 빠트리는 이런 정치적인 모순과 자신들의 임무를 다하지 않고, 세금을 축내는 관료들의 권한을 잘 살펴달라고 감사원을 설치하고, 사법부를 두어 더욱 철저히 국민의 세금을 잘 감시하고 잘 활용해 이익을 증대하여, 국민의 복지 향상에 최선을 다 해달라고 세금을 걷어 높은 급여를 지급받고 있는 이들마저도 부정부패의 한 조직이 되어, 국민의 혈세를 축내고 있는 이런 형태가 바로 정치적 권력 남용의 표준 모델일 것입니다.

물론 모든 정치인과 관료들이 그렇다는 것은 아닙니다.

다만 이렇게도 엄청난 정치적 힘을 진정 국민들의 복지를 위해 사용하고 국민의 자유로운 삶이 더욱더 윤택할 수 있도록 사용한다면, 정치적 힘이란 요술방망이와 같은 힘으로 국민에게는 더없이 좋은 힘으로 다가올 것입니다.

2-3 종교적 힘

　도대체 절대자의 힘이나, 신비한 자의 힘을 빌지 않으면 신도가 모이지 않습니다.

　도대체 종교의 교리가 무엇을 가르치며 무엇을 나누어 주길래 종교는 수천 년 동안 집단의 세가 줄지 않고 있단 말인가?

　종교는 신도를 위하고, 어려운 자들을 위해 존재하나?

　성직자의 삶을 위해 존재하고 있는가?

　아니면, 절대자를 위해 존재할까?

　도대체 누구를 위한 종교인가?

　물론 여러 종교단체에서 어렵고 문화 혜택을 받고 있지 못한 후진국에서 전도행위와 교육, 보건, 영양불균형 등을 개선하기 위해 좋은 일을 하시는 단체나 개인 복지자 여러분들도 많이 계십니다.

이 지면에서는 전체적으로 뭉땅그려 말씀드리다 보면 화가 나실 분들도 계시겠지만 양지해주시라 부탁드립니다.

　이 세상에는 많은 종교 집단이 존재하고 있습니다. 물론 그들의 교리나 성직자 모두를 배척하여, 그들 전부가 오늘날 거짓이거나 잘못되었다고 하지는 않겠습니다.

　다만, 이들이 신성함을 앞세워 진리를 몰라 고통받으며 살아가는 이들에게, 바른 가르침을 전해주신 성현들의 가르침을 앞

세워 왜곡하여 무지한 이들에게 절대자나, 신을 만들어 내세워 어렵고, 힘든 삶을 살아가는 이들에게 더욱 무거운 짐을 지게 하고 있지는 않으신지요.

중동지역의 많은 국가의 국민들이 종교 이념적 전쟁으로 인하여 너무나 많은 이들이 죽어갔으며, 지금도 죽어가고 있고, 테러라는 반인륜적 행위로 또한 얼마나 많은 사람과 재산을 잃고 있습니까?

도대체, 종교 이념이 왜? 여럿이어야 하며 가르침이 다른들 무지한 백성들을 더욱 힘들게 하라고 가르치는 교리는 없는데도 왜 성직자들은 무엇을 위해 권력자들과 결탁하여 힘없고 죄 없는 서민들을 더욱 도탄에 빠지게 하고 있는가?

진정 그들이 이야기하는 절대자나 신들이 그렇게 하라고 했는지 묻고 싶습니다. 기독교 교리에서 말하듯이 "나 외에 다른 신을 섬기지 말라" 했습니다.

이 교리를 간단히 풀어보겠습니다.

우선 나 외에 신을 섬기지 말라 했으니 다른 신이 있다는 것입니다.

우리들의 상식으로 나에게 더 잘해주시는 신이 있다면 그쪽 신을 따르지, 자신에게 힘들게 짐을 지게 하는 신을 왜 따를까?

또 절대자가 절대적 힘을 가졌다면 다른 신들을 자신의 전지한 능력으로 청소하면 되지 않을까? 이 장에서 나는 어느 특정 종교를 비방하고 싶지는 않으며 그런 의도도 없습니다.

다만, 위대한 성직자들이 무지하고 생활이 빈곤한 서민들을 고통에서 벗어나는 방법을 가르쳐주시기 위한 교리를 만들었는데, 교단을 이끌어 가려는 성직자들이 자신들의 이익에 편승한 교리적 해석으로 전후가 다른 이런 교리가 나왔을 것이라 믿고 싶습니다.

종교에서도 교도의 수가 많아져 가세를 드러내면, 정치적 권력이나 재정적 권력을 뛰어넘는 엄청난 힘을 가지게 됩니다.

어느 성인의 말씀 중에 "생활이 윤택하면 도가 익어지지 않는다." 하였듯이 어려움을 견디고 인내할 때 비로소 도가 완성 된다 믿습니다.

물론 저는 도라는 것이 누구를 위한 것인지 궁금합니다만, 국민이 고민을 털어놓고 알지 못하는 미래에 일어날 일들에 관한 궁금증을 해소하려 의지하는 절대자나, 신이나, 성인의 가르침을 외설하여, 자신들의 삶의 도구로 활용하고 있지는 않으신지 성직자 스스로가 자신에게 반문하고 되살펴야 할 것입니다.

2-4 금전적 힘

　재력의 제왕적 힘이란 고대나 현대나 구분 없으며, 오늘날에도 변함없이 무안한 힘을 가집니다. 오늘날 금전은 국민 생활의 편리를 위해 만들어졌으며, 오늘날엔 부의 상징성으로 삶의 질적 향상을 위해서 없으면 되지 않는 절대적 힘을 가졌습니다.

　현 세상에서는 인간이 태어나는 그 순간부터 금전이 필요하다. 인간에게 피할 수 없는 의식주를 해결할 수 있는 것은 곧 재력을 말합니다.

　금전은 그 사람을 귀하게도, 천하게도 만들어 버립니다.

　학문을 익히는 과정에서도 금전이 필요하고, 결혼의 배후자 선택에도 영향을 미치며, 노후 생활엔 더욱더 금전이 나의 삶의 질을 결정하게 됩니다.

　물론, 금전적 힘이 한 개인의 삶에만 영향력을 행사하는 것이 아닙니다.

　국가와 국가 사이에도 재력은 엄청난 힘을 가집니다.

　나라는 국방에 필요한 무기를 사거나, 타국에 우위를 위해 재력 즉 국가의 재정상태가 좋아야 한다는 것입니다.

　결국에 국가의 재정상태가 좋으려면, 반드시, 기업과 개인의 수익이 원만하고 기업의 기술력과 제품의 아이디어가 뛰어나 세계시장에 수출을 많이 하여, 이익을 극대화하였을 때 비로소 국가에는 세수가 늘어나면서, 국가의 재정은 든든해지는 것이니, 국가의 운영자는 자영업자거나 기업이거나 아무런 근심 없이,

경영에만 매진할 수 있도록 배경을 만들어 주고 기업과 수혜자 그리고 국민은 얻어진 수익에서 세금 납부의무를 원만히 할 때, 우리 모두의 삶이 윤택해지는 이것이 금전적 바른 시스템의 힘이라 할 것입니다.

이러한 아주 기본적인 시스템이 아닌 어렵고 힘없는 사람에게 높은 이자로 더욱 곤란한 삶을 만들어 주는 소수집단들이나 나라들도 있다 하겠습니다.

그러한 나라를 잘못된 자본주의라 하며 그러한 개인을 악덕 전주라는 극적인 표현을 쓰기도 합니다.

물론 개인이거나 국가이거나 철저한 준비도 없이 허망한 포플리즘으로 국가의 곳간을 탕진하고 국민에게 그 고통을 전과하는 어리석은 관료들이 없어야 합니다.

개인이나 국가나 한번 실패하여 부채를 많이 안게 되면 다시 재기한다는 것은 무척이나 어렵고 힘든 일입니다.

국가 경영을 맡은 관료나, 경제기반에 속한 기업의 경영 또한 한 개인의 자랑거리가 아니며, 아주 중대한 일이라는 것을 새기고 새기며 열심히 살피면서 다져갈 때 비로소 기업은 발전하고, 기업에 종사하는 근로자의 삶이 안정되며, 이는 곧 국가의 안녕으로 돌아온다는 것을 각인하시길 바랍니다.

2-5 투쟁의 힘

현대 사회에서 노동자의 권익을 대변하는 단체가 노동조합입니다. 이것은 개인의 힘으로 투쟁할 수 없는 노동자의 권익을 위해 단체를 결성 집단적 행동으로서, 노동자 힘의 우위를 보여주고, 고용주나 사업자에게 자신들의 권익을 위해 집단적인 힘을 과시하여 우위를 점유하고, 자신들의 요구조건을 관철하는 방식이 투쟁의 힘이며 노동운동입니다.

그러나 분명히 이러한 투쟁에도 반드시 좋은 결과를 가진다고 장담할 수만은 없습니다.

또한 어떤 분야에서나 집단이 결성되면 그 집단을 이끌어 가게 되는 책임자들이 욕심과 과실로 조합원 모두에게 피해를 줄 수도 있습니다.

그리고 집단 이기심으로 인하여 기업 경영에 악영향을 미치고, 이로 인하여 기업의 경영부실로 이어져 기업의 부도라는 최악의 사항을 마주하게 되면서, 오히려 조합원 전체의 일터를 송두리째 앗아가는 부작용이 발생하기도 합니다.

이러한 일들은 아무리 한쪽의 생각이 옳다 하더라도 상대편의 입장을 배려하고, 상호 원만한 해결이 필요한 것이지, 집단의 이익만 추구하기 위해 무조건 이기고 보자는 절대적 투쟁은 결단코 조합원에게 도움이 되거나 조합원이 바라는 것이 아닐 것입니다.

조합원 개개인은 오랜 학창시절과 입사 준비시기를 걸쳐 자신의 앞날을 위해 기업에 입사 하였으며, 기업은 이러한 노동자의 노력에 합하고, 경영의 뛰어남으로 이익 창출을 극대하고, 뛰어난 제품의 품질로서 매출을 극대화하여, 노동자와 사업주가 서로 윤택한 생활을 하기 위한 것이지, 집단의 이익만을 고집하여 고용주인 기업을 벼랑 끝으로 몰고 가서 밀어버리는 어리석은 일을 해달라고 노동집단에 가입하고, 집단운영자를 선출한 것은 아니기 때문입니다.

집단의 힘이 강해지면 반드시 단체의 부패가 어느 곳을 막론하고 구분 없이 일어나고 있는 것은, 단체에 소속된 동료의 이익이나 단체의 이익을 핑계로 자신들의 이익을 우선시하는 성향이 팽배해지고 있다는 것이 결단코 과장이 아니다 할 것입니다.

　그러니 개인은 단체나 기업을 위해 최선을 다하고, 기업이나 단체는 개인의 복지 향상에 최선을 다하는 모습이 아름다울 것입니다.

　국가의 올바른 발전을 위함에 보탬이 되겠다는 시민단체들의 부패 또한 다르다고 할 수 없을 것입니다.

　무엇을 위한 단체이며, 무엇이 시민들에게 덕이 되어 돌아가는지 철저하고도 냉정한 판단이 따라야 할 것입니다.

제 3 장
문명의 세계

이러한 고향의 움직임을
알지 못하고,
자신만은 고정 불변일 것이라
착각하여,
스스로 고통을 만든다.

보선 합장

3-1 문화의 정체성

러시아와 미국의 학자들이 참석한 모스크바 소재 강단에서 하나의 회의가 열렸습니다.

바로 소련이 무너지고, 레닌 상이 사라지며 러시아 연방기가 내걸렸던 1992년 1월. 냉전기가 끝나고 몇 년에 걸쳐 민족의 정체성과 그 정체성의 상징에 극적인 변화가 일어납니다.

러시아를 비롯한 여러 나라의 국민이 국기 혹은, 고유문화 정체성의 새로운 상징물을 앞세워 행진을 벌이며, 주민들도 그런 것에 동원되고 있습니다.

1994년 4월 사라예보에서는 2천여 명의 군중이 사우디아라비아와 터키의 국기를 흔들며 집회를 가졌습니다.

여기서 사라예보시민들은 나토기나 미국의 깃발이 아닌 사우디아라비아와 터키의 깃발을 흔듦으로써, 자신들은 이슬람세력과 연대하고 있음을 밝혔습니다.

탈냉전 시대에 들어오면서 깃발을 비롯하여 십자가, 초승달 같은 문화 정체성의 상징물이 중요해졌습니다.

문화 정체성이야 말로 많은 사람들에게 가장 의미 있는 것으로 받아들여지고 있기 때문입니다.

사람들은 새롭지만 대개는 해묵은 정체성을 발견하여, 새롭지만 해묵은 깃발 아래 행진을 벌이다가, 적수와 전쟁을 벌입니다.

딥딘의 소설 『죽은 못』에 등장하는 베네치아의 민족주의적 선동가는 이 새로운 시대의 음울한 세계관을 잘 표현하고 있습니다.

"진정한 적수가 없다면 진정한 동지도 있을 수 없다."

이것은 백 년이 넘도록 지속 되어 온 감상적이고 위선적인 표어가 물러간 자리에서 우리가 다시 발견한 뿌리 깊은 진리입니다. 이것을 부정하는 사람이 있다면, 그 사람은 가족, 정신적 유산, 문화, 타고난 권리와 스스로를 부정하는 셈으로 사소하게 보아 넘길 문제가 아닐 것입니다.

탈냉전 시대에 사상 최초로 세계정치는 다극화, 다 문명화되었습니다.

인류 역사의 대부분 기간 동안 문명과 문명의 접촉이 간헐적으로 이루어졌거나 아예 존재하지 않았습니다. 그러다가 서기 1500년을 전후하여 근대가 시작되면서 세계의 정치는 두 가지 차원에서 전개되었습니다.

탈냉전 세계에서 사람과 사람을 가르는 가장 중요한 기준은 이념이나 정치가 아닌 문화입니다.

민족과 국민은 우리가 누구인가 하는 인간이 직면할 수 있는 가장 근본적인 물음에 답하기 위해 부심하고 있습니다. 사람들은 조상, 종교, 언어, 역사, 가치관, 관습 제도를 가지고 스스로 규정합니다.

사람들은 부족, 민족집단, 신앙공동체, 국민, 포괄적인 차원에서는 문명이라고 하는 문화적 집단에 자신을 귀속시킵니다.

세계정치는 문화와 문명의 괘선을 따라 재편되고 있습니다.

여기서 전파력이 크고 중요하며 위험한 갈등은 사회적 계급, 빈부, 경제적으로 정의되는 집단 사이에 나타나지 않고, 상이한 문화적 배경에 속하는 사람들 사이에 나타날 것입니다.

종족의 전쟁이나 민족의 분쟁은 한 문명 안에서도 여전히 발생할 것입니다.

탈냉전 세계에서 문화는 분열과 통합의 양면으로 위력을 발휘

합니다.

문화적으론 통합되어 있지만, 이념적으로 갈라져 있던 민족이 다시 뭉치고 있습니다.

이념이나 역사적 상황으로는 통합되어 있지만, 이질적 문명으로 구성되어 있던 사회는 소련, 유고슬라비아, 보스니아처럼 다시 갈라지거나, 우크라이나, 나이지리아, 인도, 스리랑카처럼 극심한 긴장을 겪고 있습니다. 문화적으로 비슷한 나라는 경제, 정치적으로도 협력합니다.

문명마다 철학적 전제 밑바탕에 깔린 가치관, 사회관계, 관습, 삶을 바라보는 총체적 전망은 크게 다릅니다. 세계전역에서 일어나고 있는 종교의 부흥 바람은 이런 문화적 차이를 더욱 조장하고 있습니다.

문화는 달라질 수 있고, 문화가 정치와 경제에 미치는 영향은 시대마다 다를 수 있습니다.

그러나 문명들 사이에서 나타나는 정치 경제적 발전의 중요한 차이는 상이한 문화에 명백히 그 뿌리를 두고 있는 것입니다.

3-2 현대문명

20세기에 들어와 문명 간의 관계는 한 문명이 나머지 모든 문명들에게 일방적으로 영향을 미치던 단계에서 벗어나, 모든 문명들 사이에서 다각적인 교섭이 강하게 지속적으로 이루어지는 단계로 접어들었다고 할 수 있습니다.

서구가 그동안 다른 사회에 꾸준히 영향을 미쳐왔지만 서구와 다른 문명들 관계는 이들 문명에서 나타나는 발전에, 이제 서구가 대응을 하는 방식으로 바뀌고 있습니다.

지금까지 비서구의 사회들은 서구가 만든 역사에서 단순한 대상의 차원에 머물러 있었지만, 이제는 자신의 역사는 물론 서구의 역사도 이들이 조금씩 만들고 움직이게 되었습니다.

이러한 발전의 결과로 국제체제는 서구를 넘어서 다 문명 체제로 확대되었습니다.

동시에 서구국가들 사이에 분쟁으로 몇 세기 동안 체제를 지배해온 온도도 시들해졌습니다.

　문명 발전의 단계로 보아 20세기 후반의 서구 보편적 단계의 국가로 나아가고 있습니다.

　20세기의 거대한 정치 이념으로 우리는 자유주의, 사회주의, 무정부주의, 협동조합주의, 마르크시즘, 공산주의, 사회민주주의, 보수주의, 민족주의 파시즘, 기독교 민주주의 등으로 꼽는다. 이들 이념의 공통점은 모두가 서구 문명의 산물이라는 것입니다.

　중요한 정치적 이념은 한결같이 서구에서 나왔습니다. 반면에 서구에서는 중요한 종교를 낳지 못하였습니다.

　세계의 위대한 종교들은 모두가 비서구 문명의 산물이며 서구 문명보다 앞서 탄생하였습니다.

국제 관계의 다국적 서구 체제는 양극적 준 서구 체제에서 자리를 내주었고, 이것은 다 국적 다 문명 체제로 바뀌었습니다. 이제 모든 문명은 자신을 세계의 중심으로 보며 자신들의 역사를 인류사의 주역으로 인상 깊게 기술합니다.

이미 19세기에 슈펭글러는 오직 서구에만 적용되는 고대, 중세, 근대의 명쾌한 단계 구분을 특징으로 하는 서구에 만연한 근시안적인 역사관을 비판하였습니다.

그는 역사에 대한 프톨레마이오스적 관점을 코페르니쿠스적 관점으로 대체하고, 단선적 역사의 허무맹랑한 허구를 다수의 강력한 문화들이 펼친 드라마로 교체할 필요로 있다 주장한 바 있습니다.

그 후 반세기 즈음 뒤 토인비는 "세계는 자신의 둘레를 공전하고, 동양은 언제나 제자리걸음이기에 서양의 전진은 필연적"이라는 자기중심적 망상에서 드러나는 서구의 편협성과 자기도취를 매섭게 꼬집기도 했습니다.

우리들은 현대문명이 다국적 형태로 바뀌어 가는 신속하고 정확한 정보로서 단일 다문명 다문화체제 속에 살아간다 해도 무방할 것입니다.

3-3 근대의 서구문명

　서구가 이끌던 문명의 시대에서 다문화의 전환기에 서구가 따라가는 형태의 문화변천을 근대 서구 문명 시작입니다.

　우선 보편적 문명의 의미를 살펴보도록 하겠습니다.

　보편적 문명이란 대체로 인류의 문화적 융합, 세계 곳곳의 사람들이 공통된 가치관, 믿음, 지향점, 관습 등의 제도를 받아들이게 된다는 뜻이 담겨있는 것이 보편적 문명입니다.

　모든 인간이 어디에 살고 있건 간에 가령 살인을 죄악이라고 하는 기본적 가치관, 가족 구조 같은 기본제도를 공유하며, 옳고 그름의 엇비슷한 기본 윤리관과 최소한의 얇은 도덕관을 가지고 있으며, 문명사회는 공통적으로 가지고 있고, 원시 야만 사회와 구분해주는 요소를 가르치는데 쓰일 수도 있는 것이 보편적 문명입니다.

서구사회의 근대는 다보스 문명이라 부를 수도 있습니다.

세계 각지 천여 명의 기업인, 금융인, 정부관리, 지식인, 저널리스트가 스위스와 다보스에서 열리는 세계경제포럼에 참석하여 자연 과학, 사회 과학, 경영학, 법학 분야의 박사들입니다.

이들은 세계 곳곳에 다니며 서구문명의 사람들이 공통적으로 지닌 개인주의, 시장경제, 정치적 믿음도 가진 게 되며, 이들은 사회의 엘리트라 할 수 있지만 각국에서의 그 영향력은 알 수 없습니다.

보편적 문명의 위력을 신봉하는 정교한 논리는 소비재 대신 미디어에, 코카콜라 대신 할리우드에 초점을 맞추었습니다.

이러한 미디어적 문명이 세계 각국으로 퍼지면서 헐리우드의 영화 80%가 흥행을 했으며, 이를 통한 사랑, 섹스, 폭력, 미스테리, 영웅주의, 재산에 대한 사람들의 관심이 보편적이며 이익을 추구하는 기업들의 관심을 유리하게 사용하는데 재능을 보였습니다.

오늘날 서구의 힘은 단적으로 글로벌 커뮤니케이션에 반영됩니다.

사실 보편문명이라는 개념은 서구 문명의 특정적 산물이라고 보아야 할 것입니다.

'백인의 책무'라는 19세기의 관념은 비서구 사회에 대한 서구의 정치적, 경제적 지배 확산을 정당화 하였습니다.

20세기 말에 왔어도 보편 문명의 개념은 다른 사회들에 대한 서구의 문화적 지배를 정당화하면서 이들 사회가 서구의 제도와 관습을 모방할 필요가 있다는 논리로 연결됩니다. 보편주의는 비서구 문화 앞에 서구가 내놓은 이념입니다.

주변인이나 전향자에게 자주 보는 모습이지만 보편적 문명의 가장 적극적인 옹호자 중에는 '네폴'이나 '아자미' 같은 지식인들이 많습니다.

보편문명의 개념은 그들에게 나는 누구인가라는 근본적 물음에 대단히 만족스러운 답을 제공하기 때문입니다.

자신의 비서구적 뿌리를 저버리지 않았던 한 지식인이 이것을 저버린 사람들을 '백인의 검둥이'이라고 부르기도 하였지만, 보편 문명이라는 발상은 다른 문명에서 거의 지지를 얻지 못합니다.

서구가 보편이라고 받아들이는 것을 비서구는 서구 것으로 받아들입니다.

소련 공산주의의 몰락은 역사의 종언과 전 세계에서 자유민주주의 보편적 승리를 의미한다는 가정입니다. 그러나 이 주장은 유일 대안의 오류를 범하고 있습니다.

이것은 공산주의의 유일한 대안은 자유민주주의이며 전자가 무너졌으니 후자의 보편성이 획득되었다는 냉전 논리에 근거를

두었습니다.

지금 세계에서는 수많은 형태의 권위주의, 민족주의, 협동조합주의, 시장 공산주의가 얼마든지 잘 굴러가고 있다는 것도 부인하지 못할 사실입니다.

또 다른 힘의 결정단체인 종교는 사람들을 자극하고, 동원하는 중심적인 힘입니다.

소련 공산주의가 몰락하였다고 하여, 서구가 세계역사에서 최종적 승리를 거두었기에 이슬람이나 중국, 인도 등이 서구식 자유민주주의를 너도 나도 유일한 대안으로 삼을 것이라고 착각하면 안될 것입니다.

냉전이 인류를 분열시키는 시대는 끝났지만 민족, 종교, 문명에 따른 인류 더욱 근본적인 분열은 여전히 새로운 분쟁의 씨앗을 뿌리고 있습니다.

그러나 사람과 사람의 사이에 교류가 늘어나면서 무역, 투자, 관광, 방송, 통신의 발달로 공동의 세계 문화가 나오고 있다는 가정이 사실로 되고 있습니다.

수송 및 통신기술의 발전은 확실히 자본과 상품, 사람과 지식, 사상과 이미지의 전 세계적 이동을 더욱 쉽게 만들어 하나의 장르를 만들어 가고 있다는 것입니다.

3-4 문화의 재탄생

문화의 판세는 힘의 판세를 반영합니다.

한 나라의 정복은 교역을 동반하지 않을 수 있지만 힘은 예외 없이 문화를 동반합니다. 과거 역사를 잠시 보면, 한 문명의 힘이 평창하면 동시에 문화가 융성하였고, 그 문명은 막강한 힘으로 자신의 가치관, 습관, 제도를 다른 사회에 확산시켰습니다.

보편의 문명은 보편의 힘을 요구합니다.

로마의 힘은 고전 세계의 한정된 범위 안에서 준 보편적 문명을 낳았습니다.

서구의 힘은 19세기에는 유럽의 식민지로, 20세기에는 미국의 헤게모니 장악으로 표출되었고, 이러한 힘은 서구 문화를 세계로 확산시켰다. 유럽의 식민주의는 막을 내렸고, 미국의 헤게모니 또한 퇴조하고 있습니다.

고유 역사에 뿌리를 둔 습속, 언어, 믿음, 제도가 도처에서 자신감을 되찾으면서 서구 문화는 움추러들고 있습니다. 근대화가 낳은 비서구 사회의 점증하는 힘이 세계 전역에서 비서구 문화의 부활을 낳고 있습니다.

1950년대와 1960년대 공산주의의 이데올로기가 전 세계적인 호소력을 가졌던 것은 이 시기에 소련이 경제적으로 눈부시게 발전하고 막강한 군사력을 부유하였기 때문입니다.

그러나 소련의 경제가 침체하고, 군사력을 지탱하지 못하는 사태가 야기되자 그 호소력은 힘을 잃어갔습니다. 이러한 힘의 원천은 재력에 있습니다.

21세기를 지나 22세기에 미국과 중국 일본 등 경제력을 앞세운 나라들 뿐 아니라 신 아이디어 상품의 개발 도산국은 최저 인금을 앞세워 그 경쟁력을 향상시켜 유럽과 선진국을 바싹 쫓으며, 이들 개도국의 미디어는 전 세계에 그들의 국력과 함께 어깨를 나란히 하며 새로운 개발 도산국의 신문명의 시대가 도래함을 내세우고 있습니다.

3-5 도전문명

　토착화와 종교의 부활이 범세계적 현상이지만 특히 아시아와 이슬람권에서 서구에 대한 문화적 자긍심과 도전이 뚜렷하게 나타나고 있습니다.

　아시아와 이슬람의 발전은 엄청난 서구 문명에 도전을 표출합니다.

　아시아의 도전은 중화, 일본, 불교, 이슬람 등 모든 동아시아 문명에서 그 세를 감지할 수 있습니다. 아시아와 이슬람은 모두가 서구문화와 비교하여 자신들의 문화가 뛰어나다고 보여 줍니다.

　아시아와 이슬람은 개별적으로, 때로는 힘을 합쳐서 서구에 도전장을 내밀기도 합니다.

　물론 이러한 배후에 자리 잡은 원인은 상호 관련성은 있지만

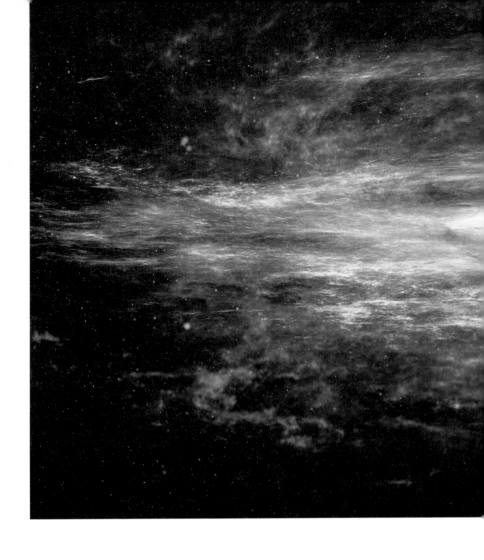

성격은 판이합니다.

　아시아의 자기주장은 경제 성장에 그 뿌리를 두고 있습니다.

　아시아의 경제 성장은 세계시장의 판을 바꾸어 가면서 성장에
성장을 거듭하고 있는데 가장 주목해야 할 것은 아시아가 이미

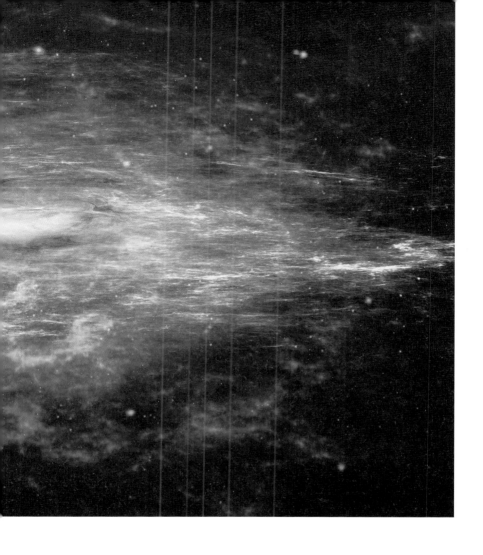

세계 경제 2위인 중국과 3위인 일본과 함께 네 마리의 용으로 불리는 급속 경제성장국인 한국, 홍콩, 대만, 싱가포르가 있기 때문에 세계의 경제대국에서 그 판도를 바꾸고 있는 것입니다.

동아시아의 경제 발전은 아시아와 서구 특히 미국과의 세력

균형에 변화를 낳고 있습니다.

이러한 경제 발전은 그것을 성취하고 이득을 보는 주체에게 자신감과 자긍심을 줍니다. 경제력 또한 무력처럼 도덕적, 문화적 우위의 표현, 미덕의 증거로 간주된다고 말하고 있습니다.

이러한 동아시아에 경제2국인 중국이 자신들만의 한족 중심 사상을 시도하며, 문화혁명의 시대를 거치게 되고, 주변 경제에 곤란을 겪는 나라들과 자치국의 빈곤을 자금력으로 이용하게 되며, 공산당원 자신들의 장기집권세력을 가시 종교자유 탄압, 언론의 검열, 자유 경제시장 관섭과 개입 등 체제유지의 행동이 문명과 문화의 발전에 걸림돌이 되고 있으며, 이러한 시도가 전 세계의 경제와 문명에도 지장을 초래하고, 여러 나라가 무력의 소용돌이 속으로 들어가는 듯 긴장이 고조되고 있다 하겠습니다.

이것이 바로 경제와 문명 문화 그리고 종교, 동전 양면성과 어찌 다르다 하겠습니까?

오늘 이 시간에도 세계 모든 개발도상국들은 쉬지 않고, 새로운 문명의 도전을 이어가고 있습니다.

제 4 장
종교세계

우리는 스스로 만들어 놓은
생각과 행위의 결과를
씨앗으로 또 다른 탐·진·치를
인연하여,
사생육도 윤회를 한다.

보선 합장

4-1 종교의 탄생

종교란 누구를 위한 것일까요?

이렇게 반문을 하면서 종교의 탄생을 알아보도록 하겠습니다.

여기 이 지면의 이야기는 저자의 개인적인 지식이니, 독자분들의 옳고, 그름이라는 판단 또한 여러분들의 자유입니다.

종교의 시작은 '인간의 두려움과 고통의 원인에 대한 반문(궁금증)'에서 출발했다고 이 저자는 밝혀둡니다.

그리고, 인간의 고통을 해결하는 방법론을 이야기하셨던 교주?는 집단적 행위인 현 종교적 모습을 전하진 않았다고 생각합니다.

개개인의 삶의 조건이 빈약하고, 주변의 조건들에 맞서야 했던, 나약한 힘의 소유자인 인간종이 생존을 위해서 인간들은 가족 단위에서 씨족으로 상호 집단생활을 하게 되고, 집단과 집단

이 상호 의견을 나누어야 할 필요성이 강조됨에 물질적 교류부
터 문명적 교류를 통한 정보의 교환이, 오히려 힘이 강한 집단의
약탈과 침략의 원인이 되고, 동 피해에 따른 두려움과 왜? 이러
한 약탈과 피해가 일어나야 하는지, 그 원인을 알지 못하는 어리
석음과 개인이 해결할 수 없는 재난과 천지지변에 의한 모든 공
포심과 진보적 생활에 필요한 정보에 관한 의견을 서로 교감하

고 나누게 되고, 개인으로서는 감당할 수 없는 자신보다 우위에 있는 힘이 강한 상대를 만나거나, 이해할 수 없는 사항에서 스스로 해결하기 어려운 사항 등 이러한 문제를 해결하려 할 때 집단을 이용해 극복하던 것을 불의 발견, 무기의 체계화, 생활 문명의 발전에 따른 생활방식의 다변화를 겪게 되면서, 집단 운영에 필요한 앞선 판단력과 지식, 체력적 우위와 조직적인 사람들이, 문명의 변천 시기에 집단 운영체계가 필요했고, 이 집단들을 이끌어 가려는 자들은 조직적 통솔력을 극대화하고, 그 조직의 결집성을 위해 집단 구성원이 따를 수밖에 없는 무엇인가가 필요했을 것이라 예측을 해봅니다.

우리들의 일상에서 필요했던 의·식·주의 해결을 위해서 수집, 채집, 사냥을 했을 것이며, 이러한 행위에서 얻어진 것을 배분하는 과정과 사냥의 방향선정, 환자들의 치료방식, 조직적 교육방식, 집단의 확장 등등 현재의 생활과 방법만 다를 뿐 같은 조건과 같은 문제점들이 생겼을 것입니다. 이러한 집단생활에 긴급하고, 요긴한 것을 원활한 방법으로 이끌어 가야 하는 집단의 리더들이 선출되고, 집단의 재산과 생활구역 등을 지키려다가 다치는 환자, 자연재해에 따른 여러 가지 질병 등을 치료하는 의약품이 필요하고, 이러저러한 재능을 가진 이들이 권력을 가지게 되면서 다양한 직업군이 만들어지게 되었을 것이며, 이러한 집단리더들의 추종자가 생겨나게 되고, 집단을 체계적으로 통솔하는 방법을 찾고, 모든 일들을 이행하여야 하는 다양한 일자리 중에 계급제도가 자리 잡았을 것이며, 이러한 계급제도를 이용한 권력자가 집단을 효율적으로 움직이기 위해 인간들이 두려워했던, 자연재해(태풍, 지진, 해일, 천둥 번개와 벼락, 산사태, 전염병) 전쟁 패배에 따른 황폐화 등 인간이 그러한 불상사의 근원적 이유와 원인을 알지 못한다는 것을 이유로 자연재해를 신격화하는 도구로 이용 신격화 하여 제단을 준비하고, 제를 지내는 것으로부터 종교라는 집단이 시작되었을 것이라 생각해 봅니다.

여기에 인간의 탐욕이 가장 강력한 에너지 원소로 작용했을 것은 자명한 사실일 것입니다.

현재의 정치사나, 과거의 정치사나, 권력자의 욕심은 어느 집단이라도 변하지 않고 지속 되고 있습니다.

여기에 더하는 것은 백의의 의료계나, 국민을 위한 국민을 위한 정치를 한다는 이들과 교육을 담당하는 교육계, 이 모두를 통솔할 수 있는 법치의 옳고 그름을 판단해야 하는 법조계, 바른 소리로 국민의 알 권리를 전해야 하는 언론계, 국민의 정신적 지주가 되어야 하는 종교계 할 것 없이 집단이 있는 곳에는 반드시 탐욕의 어두운 그림자가 드리워져 있다고 생각하는 것은 이 저자만의 개인적인 생각일까요?

이러한 권력남용의 집단은 그 집단을 유지하며 자신들의 안정적 삶을 영위하기 위하여 진실을 왜곡하고, 추종자들의 무지를 이용하여 국민들을 현혹하는 이들이 아직도 기세등등하게 살아가는 세상으로 진행 중입니다.

그렇다고 하여서 성현님들의 가르침이 전부 잘못됐다는 이야기는 아닙니다.

다만, 지금의 성직자나 권력자들이 성현(교주)의 가르침 모두는 인간의 행복을 그 목적으로 하는데, 지금의 많은 이들은 인간의 행복을 원하지 않고, 그들이 어리석은 무명인으로 남아 자신들의 노리개가 되길 바라는 듯 느껴지는 것은 이 저자의 잘못된 망상일까요!

4-2 종교의 분류

    사실 종교宗教라는 의미가 가르침을 따르다라는 것입니다.

    따른다는 의미를 보면, 가르침을 주는 주체가 있다는 것이며 이 주체는 한 종교의 교주教主를 지칭하는 것입니다.

    그 주체자인 교주의 가르침을 따른다는 의미가 종교라는 것입니다.

    왜 이렇게 반복적으로 말씀을 드리는 것인가 하면, 종교는 분류라는 단어를 사용할 것이 없는데 왜 종교의 분류란을 이 저자는 넣었을까요? 여기에 진실로 알아야 할 핵심이 있기 때문입니다.

    사실 종교는 교주의 진리적 가르침을 통하여 자신의 어리석은 생각에서 벗어나서 스스로 노력하여 고통에서 벗어나야 하지만 보통의 무지한 사람들은 맹목 즉 무조건적으로 절대자나, 교주, 신 등을 전후사정을 따질 겨를도 없이 추종적 행위로 따르는 것이니 이러한 종교적 행위는 타력他力이라 구분할 수 있습니다.

사실적으로 많은 종교의 교주들은 인간 삶의 행복에 도움이 되는 진리를 말하였으므로 만약, 무명의 어리석음이나 고통을 벗어나기 위해 교주의 가르침을 바르게 이해하고, 자신의 삶에 질적 향상을 위해 모든 행위를 자신이 스스로 한다면, 이는 타인의 가르침이나 능력에 의지하는 타력이 아닌, 스스로의 노력으로 만들어지는 변화일 것입니다.

이를 굳이 단어화한다면 수행修行이라고 표현할 수 있을 것입니다.

세계에는 헤아릴 수 없을 정도로 그 종교의 수는 많다 할 수 있습니다만, 그 진리의 마무리는 똑 같을 수밖에 없지요. 그것은

당연히 인간의 행복일 것입니다.

　교주의 깨침이 어떻게 어디까지 도달했는지는 이 저자가 교주를 몽땅 만나보지 못했으니 넘어가야겠습니다.

　이 지면에서는 간단히 오래되고, 추종자가 많은 종교를 살펴보면 인도사상의 다신교종인 힌두교, 자이나교, 석가모니의 입멸 후 이루어진 불교, 불교와 전통신앙이 합해진 밀교를 칭할 수 있으며, 중동지역의 유일신 사상의 유대교, 유대교에서 나누어진 예수를 주창한 기독교, 알라를 주창한 이슬람교가 있고, 중국의 사상인 유교, 도교, 조금 깊이 세분화하여 들어가 보면, 여기에 동방정교, 샤머니즘적인 요소까지 그 종류는 무척이나 많습니다.

그러나 분명한 것은 자신이 자신의 문제를 교주의 가르침을 의지하여 어려움을 느끼는 일체의 일들을 스스로 해결하자는 것이 자력이요, 내가 스스로 어려움이나 곤란한 모든 일을 내가 직접 노력하지 않고, 능력이 있는 주체자에게 대신 나의 문제를 해결해 주길 바라는 것을 타력이라 합니다.

위에서 언급한 수많은 종교와 샤머니즘의 주체자가 모든 일들을 해결하는 능력을 지녔다면 어떨까요?

우리가 "신"이라는 단어를 사용하는데 도대체 이때의 "신"은 누구를 지칭하는 호칭일까요? 아니면, 정확히 누구인지는 몰라도 능력이 있다고 하니 신이라 하시는지?

그렇다면 그 능력이라는 것은 어떤 능력을 말씀하시는 것일까요?

이 장에서 이 저자는 한 가지 이야기해드리고 싶습니다.

우리가 안다고 표현하는 것을 되짚어 볼 필요가 있을 것입니다.

흔히 알고 있다 또는 안다고 하는 표현을 쓸 때 자신이 타인의 지식을 통하여 본다, 듣다, 맛보다, 느끼다, 맡는다 등을 아는 것과 자신의 삶 속에서 스스로가 체험하여 체득한 것을 안다고 하는 것과 무엇이 다를 수 있는가?를 명확히 이해하신다면, 타력他力과 자력自力으로 이 저자가 강조하며 나눌 수 있다고 하는 것을 쉽게 이해하실 수 있기 때문입니다.

이 장에서는 각 종교의 교주나 신이 있다거나, 없다느니 하는 이야기를 하는 것이 아닙니다.

만약,

신이 있다면,

어디에 있으며,

왜?

그 신은 그리도 많으신지?

또한,

전지전능한 주체자가 계신다면 왜 우리에게 시련을 주시는지?

묻고 따져야 할 것이 너무나 많은데도 대답이 없어요.

만약에 졸저를 읽으시는 분이 배가 고프다면, 배고픈 본인이 직접 밥을 챙겨 먹어야 허기를 면하는 것이지, 어느 신이나 주체자가 대신 먹어주면 배고픈 이가 허기를 면할까요?

타력이란 순간의 심리적 위로일 뿐 타인이 나의 일을 직접 해결할 수 있는 것은 없다는 말입니다.

조금 진도를 나가보시죠.

종교는 우리에게 무엇을 가르치려는 것이며, 우리는 무엇을 얻기 위해 종교가 필요한가 말입니다. 이 세상에 많은 종교가 있 듯이 훌륭한 교주들이 많이 있을 것입니다.

그러나 이 저자가 아주 쬐끔, 몇몇 종교를 비교해본 바, 불교의 교리 가운데 일체 유정 무정 모두가 조건으로 위해 생겼으며, 그 조건이 다하면 반드시 흩어지는 것이 자연의 법칙이며, 이러한 법칙에 따른 모든 모양을 가진 것은 평등한 것이며, 인간이나 다른 종도, 생, 노, 병, 사의 자연법칙을 벗어나지 못합니다.

다만, 인간은 자신의 이기심과 질투심 그리고 어리석음으로 욕심을 만들어 스스로 늙고, 병들어 죽지 않으려고 고통 받는 것이라, 자연의 법칙을 인정하고 우주법칙을 이해하고 자신의 육신은 영원불변이 아닌 당연히 자연법칙에 순응하며 사생의(태생, 난생, 습생, 화생) 생명들은 하나 같이 에너지가 멸하는 과정으로 늙거나 병들어 현생의 모습은 당연히 사라지고, 새로운 에너지의 인연으로 다른 모양 갖게 됨이 자연의 순리라는 것을 알고, 자신에게 닥치는 모든 일을 받아들일 때 스스로 고통에서 벗어날 수 있다 했습니다.

4-3 참여자의 의식

종교에 의지하는 모든 참여자는 자신에 관한 미래나, 가족들의 미래에 대한 궁금증이나, 중요한 일들을 예측하여 미리 알고자 하는 심리적 불안정을 해소하기 위해 종교시설을 찾는다고 할 수 있습니다.

이러한 불안정한 심리 상태를 이용하는 일부 몰지각한 성직자가 있음을 부정할 수 없을 것입니다.

종교 유래의 뿌리가 바로, 원인을 모르는 것과 결과를 알 수가 없는 것이 바로 종교의 시작이 되었듯이 참여자들은 불안한 정서를 통해 두려움을 지니며, 이를 해소하기 위해 종교를 찾게 되고, 그 분위기나 교리에 의지하여 불안한 심리적 현상이 안정되었다면 반복적으로 찾게 되는 것입니다.

참여자는 자신들이 불안해하는 일들의 원인을 근본적으로 해

결하고자 방법을 구하지 않고, 근시적으로 불안정했던 당시의
불안요소만 넘기면 또다시 근원적 원인을 찾을 생각을 잊어버립
니다.

　우리가 만약 길을 걷다가 돌덩어리에 발이 걸려 넘어졌다면,
그 넘어진 원인은 돌이 아닌 자신의 부주의에 의한 넘어짐일 것
입니다.

그런데 우리는 넘어진 원인인 부주의를 탓하고 고치려 노력하지 않고, 길에 있는 돌을 탓한다는 게 맞습니까?

당연히 틀린다고 말할 것입니다.

그러나 우리는 살아가면서 이렇게 많은 잘못된 생각을 하며 살아가는 참여자가 많다는 사실에 이 저자도 깜짝 놀랐습니다.

당연히 이 저자도 수없이 오랜 세월 동안에 그렇게 살았음을 인정합니다.

종교의 참여자 중에 전부는 아니겠지만, 다수가 자신이 원하는 소원을 자기 스스로 노력하여 이룰 수 있다는 생각은 하지 못하고, 아니, 하려고 생각조차도 않고, 신이나 성직자에게 부탁하여 자신의 목적을 이루려는 어리석은 참여자가 많다는 것이 종교계를 더욱 어두운 나락으로 끌고 가는 원인 중 하나일 것입니다.

모두가 특정 신이나 성직자들을 통하여 모든 고민을 해결할 수 있다면, 어찌하여 우리는 오늘도 여전히 힘든 생활을 해야만 하는지 깊이 생각하시는 이들이 많지 않습니다.

세상은 자신이 눈뜨고 바라보는 곳만이 자신이 본 곳이지, 타인이 보았다고 귀로 들었던 곳을 자신이 보았다고 할 수는 없다는 것입니다.

스스로의 능력을 인정하고 노력하려는 마음가짐이 첫째요, 자신의 소원은 자신의 노력에 달려 있음을 믿는 것이 둘째요, 나의 소원을 위해 나는 노력하고 그 결과는 반드시 나의 몫임을 인정하는 것이 셋째라 할 것입니다.

예를 굳이 하나의 예를 들자면 내 자식의 취업 시험을 합격해 달라고 종교에 의지하여 기도한다면, 전지전능한 모든 성현들은 이를 받아들일 수가 없는 것입니다.

만약 당신의 소원을 들어 주려면 반드시 다른 소원자를 낙마시켜야 되는데, 과연 현명하신 성현이 그 소원을 들어 주실 수 있느냐 하는 것입니다.

우리들의 세상은 나를 중심으로 살겠다는 생각으로 살아가면, 힘듦과 고통이 따르지만, 자연적 인연법칙의 순리대로 따른다면 사회적 부귀영화는 아닐지라도 자신의 마음에 힘든 고통은 담지 않을 것이며, 심리적 해방감으로 평화롭고 행복한 생활로 건강하게 잘 살 것입니다.

4-4 변화의 과정

　문명의 발전에 따른 과학의 힘과 교육제도의 향상, 배움에 따른 의식 수준의 향상, 삶의 문화와 생활 빈곤의 변화 등 많은 변화의 과정 중 특히 과학의 발전으로 공중전파의 보급과 생활의 변화과정에서 종교의 교리를 전달하는 방식도 변하고 이를 수용하는 신도들의 의식 수준도 달라지고 있습니다.

　그러나 아직도 인간의 욕심은 버려지지 않고, 내로남불의 형태는 계속되고 있으며, 경제적 여유로움이 오히려 정신세계에는 장애요인으로 꼽을 수 있을 정도로 자신 스스로의 노력을 금전으로 대처하려는 어리석은 사고를 지닌 이들이 더욱 늘어나는 관계로 인하여, 과학적 근거나 지식의 서책이 넘침에도 나의 소원을 절대주나 신들이 대신해주길 원하는 이들이 늘어난다는 것은 어떻게 생각해야 하는지 난감합니다.

자신이 행하거나 자신이 스스로 할 수 있는 것이 없다면, 오늘의 세상은 즐거운듯하면서도 괴로움이 많다 할 것입니다.

스스로가 책임질 수 있다는 것은 그만큼 열심히 생활하고 있음이고 그 결과는 엄청난 기쁨으로 다가올 것입니다.

우리가 누구를 위해 한다는 것이라 하는 것들도 자신을 위하는 것일 뿐이듯이 스스로가 노력하면서 자신을 되살피고 자기 자신의 생각과 행동을 고쳐 나가는 과정이 반드시 스스로의 행복을 위해서 필요한 과정인 것입니다.

자신이 하지 못할 것은 없다 할 것입니다. 다만 그 결과는 시간

의 차이로 인한 결과가 늦게 드러나는 듯 느낄 뿐입니다.

아니, 그렇게 느껴질 따름입니다.

우리들은 태어나 성장하는 과정을 되살펴 보면 반드시 똑같은 시간을 영위하는 듯하지만, 그 결과에는 많은 차이를 보이는 듯 하는 것은 우리가 알고 있는 시차의 착각이지, 평등을 자연은 벗어나지 않습니다.

만약 태양이 저 나무는 미운 나무이니 햇살을 주지 말고, 저 녀석은 착한 녀석이니 빛을 더욱 많이 준다면?

이런 일이 자연의 평등과 같다고 할 수는 없을 것입니다.

그렇습니다. 비는 조건이 되면 아래에 무엇이 있던 없던 비를 뿌리는 것이고, 바람은 조건이 되면 날아가면 안 될 물건들이 있건 말건 부는 것이며, 파도는 조건이 되면 일렁일 뿐인 것이, 우리들이 살고 있는 대자연, 즉 지구촌은 동반자 관계지, 무엇이 있어 뿌려 달란다고 조건을 구기어 맞추며 비를 뿌립니까?

우리들은 이러한 자연의 이치가 분명함을 알지 못하였던, 구석기시대에나 천둥신이니, 폭풍신이나, 태양신, 절대주들이 어리석은 이들에게 존재했지, 지금, 이 시대에도 폭풍의 신과 태양의 신 있다고 믿는 이는 어쩔 방법이 없는 것입니다.

4-5 진실과 거짓

　우리의 소원을 절대자가 이루어 주어야만 되고, 우리는 원죄를 짓고 왔으므로 아무리 노력을 해도 삶의 질이 달라질 수 없다 한다면, 정말 캄캄한 암흑에서 살아가는 것이나 마찬가지일 것입니다.

　오늘 우리는 내일을 위해 더욱 노력해야 하고, 나와 가족들을 지켜야 하는 것이 현 삶의 모습이지, 절대주가 알아서 이 모두를 해결해 준다면 우리는 왜 이렇게 살기 위해 열심히 뛰어야 하는가 말입니다.

　먼 옛날 하늘에서 비가 왜 내리며, 바람은 왜 불고, 바다에는 물고기와 많은 생명들이 살고 있음을 알지 못하고, 파도는 무엇 때문에 일어나는지에 대한 사실을 몰랐을 때, 절대주가 우리를 만들고 우리에게 양식을 주셨다는 착각을 했지, 이 시대에 절대

자가 모든 것을 다 해준다면 누가 믿겠습니까?

　이 저자는 이 졸저에서 종교의 비판을 하려는 의도는 없습니다.

　다만, 성직자라는 분들은 생활고에 시달리는 어려운 이들에게 스스로 해결할 길을 안내 해주어야지, 이들을 이용하여 자신의 생활고를 해결하려는 의도는 없겠지만, 결과적으로 그렇게 혹 되어 가지 않고 있는지?

　오늘날 과학의 발달로 인하여 원자, 전자, 장이론으로까지 발달하여 우리는 원자와 전자 그리고 전기장으로 이루어진 수 억

만종 중 하나임을 알 수 있는 시대입니다.

　이런 식견이 없는 자가 찾아오면 노력하여 알 수 있도록 바른 길을 안내하는 이들이 성직자요, 이러한 이들이 진정한 교주의 바른 제자일 것입니다.

　번듯한 외모와 화려한 스펙이 문제가 아니라 어려운 이들이 바른길을 찾을 수 있도록 안내하는 걸인이 더욱 참다운 성각자일 것입니다.

4-6 종교와 신앙의 차이

　우리 인간들의 정신세계에 종교는 필요할 수도 있고, 그렇지 않을 수도 있으며, 굳이 종교를 가져야만 삶이 원만해진다고 확신할 수는 없습니다.

　종교는 4장 첫 줄에 말씀드렸듯이 교주의 가르침을 따르며 배운다는 의미이니, 교주가 전하는 것을 배우며 경배하는 것을 종교라 하고, 종교의 교주는 위대하시고, 원만하신 분들이므로 인간과 만 중생들의 삶의 행복을 위한 가르침이 아니라면 무엇이겠습니까?

　우리들은 이러한 행복을 찾는 방법을 배우며, 삶 속에서 고통받는 것들의 원인이 무엇인지를 알게 되어, 이러한 고통을 줄이는 방법을 따르는 것이 종교의 참된 존재의미일 것이며, 신앙이란? 절대적인 절대자나 신적인 위대한 대상이 자신의 소원을 이루어지게 해줄 것이라는 절대적 믿음을 바탕으로 추종해가는 것을 신앙이라 할 수 있을 것입니다.

도대체 절대자나 신이 있었다면, 왜? 원죄를 만들고, 왜 분쟁으로 인한 수많은 생명이 죽어가야 하며, 오늘도 이념적 차이로 끝임 없이 전쟁을 하여야만 하는지, 이 저자의 머리로는 도저히 납득이 되지 않습니다. 오늘도 조건만 이루어지면 바람이 불고, 비는 내리게 되는데 말입니다.

내가 원하는 것을 노력으로 구하려 할 때 비로소 종교니 신앙이라는 것을 벗어나, 자신이 진정한 주인공으로서 멋진 일생을 살다 갈 것입니다.

나는 이미 늦었다구요?

우리가 비웃고 있는 하루살이도 한평생인 하루를 위해 최선을 다한다는 사실을 잊지 마시길 바랍니다.

타인이 아무리 훌륭한 기술과 신통력을 가졌다 하더라도 그것은 나의 것이 아닙니다.

다만, 그분이 그렇게 훌륭하게 되신 과정을 배워 나도 따라 훌륭한 사람이 되기 위해 노력한다는 것은 지당하겠으나, 훌륭한 것을 금전의 힘이나 빌어 나도 훌륭한 사람이 된다면, 그것은 참으로 곤란하다는 것입니다.

한 종교의 교주는 이러한 노고로서 인간의 고통을 해결할 수 있는 방법을 알려주셨고, 그러한 고통을 해결할 수 있는 방법을 스스로 노력하며 따르는 성직자 역시 그러한 노력의 과정을 통하여 우리들에게 고통을 해결해 가는 방법을 전달하는 것이 종교의 본질이며, 이를 추종자들이 스스로 노력하여 체득해 가는 과정이 자력이라는 것입니다.

스스로 노력하지 않고 얻을 수 있는 것이 있다면 그것은 분명 거짓이며, 스스로 노력하여 얻을 수 없는 것은 없으며, 단지 각자가 시차를 느낄 뿐입니다.

어느 교주도 인간의 행복을 벗어난 가르침은 없다는 것을 우리 스스로 각인하시고, 스스로 노력하여 고통을 벗어나는 것이, 진정한 교주의 가르침을 바르게 이해하고 실천할 수 있는 바른 종교이며, 무조건 바라는 의식의 종교는 신앙으로서 나에게 일시적 감정의 위안 될 수 있을지 모르나, 진정 나의 갈애를 해결할 수 없으며, 지속적으로 나를 나약한 존재로 이끌어 가는 어리석은 행위가 되는 것이 신앙입니다.

제 5 장
보이지 않는 우주

우주 천체는
원자, 분자, 전자, 중성자
등과 같은 아주 작은 분자들의
움직임으로
이루어진 하나이다.

보선 합장

5-1 우주 만들기

　우주를 시작하면서 많은 것들을 요약하고, 빅뱅이론 중 하나인 팽창과 냉각모델을 소개해보도록 합니다.

　시공간이 시초엔 어떠했는지 모르며, 시초 이후 짧은 시간에 무슨 일이 일어났는지 추측할 뿐입니다.

　빅뱅 모델에 따르면 시초의 시공간은 몹시 뜨겁고, 조밀한 에너지와 기본 입자의 물질 반물질로 가득 채워져 있었으며, 이런 에너지는 수조의 온도 평창으로 인한 폭발로 우주는 137억 년 동안 팽창했고, 현재도 하고 있다는 현대 과학에서 밝히고 있는 빅뱅 이론 중 하나를 옮겨 드렸습니다.

　이 졸저에서 저자는 우주란? 유한이 아닌 무한의 영역에서 행성들이 갖가지 조건적 인연에 의한 수 천 억개의 은하계, 은하계에 속한 수천억의 항성과 행성들이 각기 조건에 의한 상호 작용의 원리에 따라 운동하는 집단적 장소로 요약 합니다(물론, 저자의 의견), 즉 우리 몸을 소우주라는 표현을 사용하기도 하는데, 우리 육신은 헤아릴 수 없을 정도의 많은 생명체가 존재하며, 하나에 서 열까지 아주 질서 있게 각기 맡은 바 인연에 따라 소임을 다 합니다.

육신(소우주라 할 수 있음)이라는 조건적(소우주에 존재하는 생명체에 게는 유한의 우주임) 틀에서 육신과 함께 육신이 존재하는 동안엔 소 우주를 의지하여 살다가, 소우주가 조건이 다하여, 다른 조건이 야기되면, 소우주와 소우주를 인연한 수많은 생명(박테리아, 원자, 전자 등)은 무한의 우주와 함께 새로운 조건적 인연을 맞이하게 될 때까지는 하나의 우주로 존재할 것이며, 이 모두는 하나로 움직 이는 것이지 생명체 각각 홀로는 존재할 수 없는 것이며, 혼자라 는 생명체는 실체적으로 살펴본다면 각각의 개인의 모양은 없다 할 수 있으며, 우리들이 고개 들어 바라보고 있는 별빛은 이미 오 랜 세월 전에 조건에 의한 별들의 에너지 작용으로 발생했던 빛 을 보고 있는 것이지, 실체가 존재하지 않는 별이 많습니다.

물론, 뛰어나신 천문학자, 물리학자 등 수 많은 이들이 우주를 모양으로 알아보려는 노력을 하고 있지만, 우주란 유한이 아니 기에 모양이 없으며, 공간적 한계가 없기 때문에 평창이라는 생각 자체도 모순이 있다고 이 저자는 단언합니다. 왜냐고 반문하신다면, 평창이란? 어떠한 틀을 가진 모양에서 그 모양이 어떤 조건으로 늘어나는 것이 평창입니다.

그렇다면 이는 분명하게 모양을 갖게 된 원인이 있었다면, 그 모양을 갖게 된 조건은 무엇이란 말인가?라고 물으면 어느 종교 집단에서는 창조주 이야기가 나오는데, 그러면 그 창조주는 누가 만들었느냐? 하고 반문하면 그것은 이야기하면 안 된다고 주장합니다.

만약 우리 우주가 어느 집단적, 종교적 교리와 같이 창조주에 의한 탄생이었다면 부자연스런 모양으로 이렇게 아름다울 수가 없었을 것입니다.

2천여 년 전에 발생한 유일신의 종교가 발표하기를 지구가 우주에 중심이라고 주창하였지만, 그 종교의 사도인 코페르니쿠스가 태양을 중심으로 지구가 돌고 있다고 주창하다가 교리의 지구 중심 주장에 반 한다 하여 그를 어떻게 했으며, 그 이후 갈릴레오가 다시 태양을 중심으로 지구가 따라 돌고 있다고 주장하였다가 가택연금을 당하고, 자신의 주장이 틀렸다는 공개선언을 할 수밖에 없었습니다.

물론 수백 년 전 이야기지만, 이는 엄청난 인간의 아만과 고집으로 우리 인간의 알 권리를 오랜 세월동안 묻어버리게 했던 하지 말아야 했던, 종교집단의 이익을 위한 폐악이며 잘못된 것입니다.

물론 이 저자는 어느 특정 종교를 비판하는 것은 아닙니다.

다만 과학의 발전이 수 백년 세월을 허비했다는 사실이 이 시간에 너무나 안타까워서 하는 넋두리입니다.

잠시 옆길로 샌 듯합니다. 우주란 결국, 무한의 영역에서 상호 조건적 만남의 작용으로 인한 수만 가지의 모양을 갖출 수 있는 조건만이 존재하는 것입니다.

설령 어느 조건적 인연으로 모양이 만들어졌다지만 그 모양은 조건의 인연이 다하면 반드시 붕괴되어 모양 이전의 입자로 흩어져 버릴 것이니, 그 일시적 모양을 영구불변의 모양으로 생각하는 것은 엄청난 착각일 뿐이며, 반드시 명심해야 할 것은 영원한 모양은 존재할 수가 없습니다.

다만, 인간의 육안으로 관찰하다 보니 시차를 느낄 뿐이며, 이러한 시간과 공간이라는 것 역시 인간들이 지어 놓은 것으로 본래 자연에는 존재치 않습니다.

예를 들면, 하루살이도 한생이요, 저 거대한 바위도 한 생임을 알고 간다면, 지구촌에 당연한 자연이란 우주의 조건적 인연의 영향을 받을 뿐이지 특별한 무엇인가가 없다는 것을 확실히 하고 넘어가시길 바랍니다.

5-2 우주 알아가기

이론 물리학자, 천문학자, 공학자 등의 주장에서 우리들의 귀에 너무나 익숙한 빅뱅 이론을 그냥 넘어갈 수는 없습니다.

태초에 에너지들이 압축되고 압축되어 어느 한계점에서 폭발하여, 수많은 은하계와 태양계 그리고 지구, 행성, 항성 등이 생겼으며, 우주는 그 폭발의 힘에 의한 영향으로 계속 팽창하고 있으며, 그 영향이 다하면 줄어들 것이라고 주장하며 보편적으로 과학계는 이를 정설로 받아들입니다.

그렇다면 이 얼빠진 저자가 반문합니다.

늘어난 것이 있다면 늘어나기 전에 갖추어진 모양이 있었다는 모순이 생긴다는 것이며, 그 모양이 원반 모양인지 삼각인지, 사각 모양인지 알아야 된다는 것입니다.

그렇다고 이 저자가 과학자보다 우주 이론이나 공학 등의 학문에 뛰어나다는 것은 아닙니다. 다만, 이 빅뱅에서 우리가 존재하고 있는 우주의 시작이 아니라, 유한이니 무한이니를 떠나 존재하는 우주에서 조건적 에너지의 압축이 한계에 달하여, 폭발한 것을 빅뱅이라 하며, 지금도 행성들의 대폭발을 확인할 수 있습니다.

그 규모의 차이는 있을 수 있겠습니다만, 천문학자들에 의한

광열한 별빛이 은하계 주변을 넘어 지구에서도 허블 망원경으로 관측이 가능하다고 말합니다. 그러니 폭발의 차이가 있을 뿐이지 빅뱅은 앞으로도 일어날 수 있다는 주장입니다.

세계 최초로? 이렇게 주장하니 억지라고 하시는 독자 분들이 있겠지만, 이 저자의 주장을 분명히 해두고 가고 싶어 강조하는 것입니다.

이 저서의 원고를 작성하면서 참고 서적으로 읽었던 이론 물리학박사 "크리스토프 칼파르"도 이 저자와 비슷한 주장을 "우주, 시간, 그 너머"라는 저서에서 다수의 빅뱅이라는 장을 나누어 두었더군요! (혹여 보충 설명이 필요하다고 생각하시는 독자분은 위 도서를 추천 드립니다.)

믿고 안 믿는 것은 독자분의 자유의사에 맡겨 두고, 무한과 유한을 초월한 존재 자체에서 조건적 에너지의 결집이 한계에 다달아 에너지의 붕괴로 폭발을 하게 되면서 흩어진 에너지가 조건적 인연에 따라 갖가지의 모양을 갖게 되며, 반복적으로 활동하고 있는 것이 오늘날 우주 공간입니다.

우주 공간을 가득 채운 각각의 원자, 전자들이 쉼없이 활동하고 있는 것이 우주요, 상호 조건적 인연으로 뭉치어 새로운 별이 형성되기도 하고, 붕괴되면서 에너지를 발산하여 빛을 드러내기도 합니다.

이러한 별들의 붕괴로 나타난 빛을 우리는 와~아 아름답다 하며 보게 되지만, 이미 오랜 세월 전에 붕괴한 빛인 경우가 대부분입니다.

우리들은 빛의 속도라는 이야기는 익숙하지만 실제로 빛의 속도가 얼마나 빠른지 알지 못하는 이들이 대부분입니다. 물론, 이 저자의 경험에 비추어 보면, 시간과 공간이란 인간의 편의를 위해 만들어 놓은 착각이라고 말씀드리면 안 믿어요? 사실적으로 과학자가 말하는 초당 몇 십만 회전을 통한 시간 여행을 해 보지 못했으므로 정확히 어느 정도 로 빠르다 말씀드릴 수는 없지만 흔히 매우 빠른 속도를 빛에 속도라고 합니다.

과학자들이 말하길 원자(원소)의 수는 탄소, 수소, 니켈 등 118개로 보고 있습니다.

우리가 쉽게 알 수 있는 수소는 H 분자 하나와 산소 분자인 O가 두 개를 합하여 H_2O라는 것이 수소의 원자, 즉 물의 원자라 하듯이 조건을 갖춘 원자들을 이야기하며, 분자들의 만남이 어떤 조건인가에 따라 그 성질이 달라지는 것입니다.

그렇다면 이즈음 원소주기율표를 살펴보는 것도 나쁘지 않겠죠?

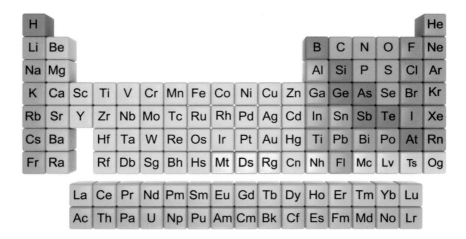

표 1. 원소주기율표.

1. H / Hydrogen ~ 103.Lr / Lawremcium(표1)까지 발견하였으며 지속적으로 찾는 노력을 계속 하고 있습니다.

그러니 118가지의 원소들이 조건에 따라 만나면 그 모양은 어떻게 형성되고, 어떤 성질을 가질지 다 알지 못하는 것이 우주의 무한한 능력이다 말할 수 있습니다.

우주에는 현대이론 물리학자나 과학자들에 따른 분자나 입자를 "쿼크"보다 더 미세한 소립자를 찾고 있답니다.

이렇게 본다면 미세한 소립자들의 조건들에 따라, 우리가 살고 있는 지구와 또한 지구를 의지하는 일체 유정 무정물까지도,

먼지보다 작은 티끌에서 조건적 인연으로 만들어진 것이 다양한 모양입니다.

물론 인간도 당연히 포함되는 것입니다.

그러니 아무리 높은 직책도 아무리 뛰어난 미녀들도 똑같은 티끌입니다.

아무리 폼잡아 보아야 일체는 평등한 것이며, 다만 필요에 따른 조건이 잠시 다를 뿐, 우리 지구를 살펴보면서 우리 지구가 속한 태양계의 목성, 화성, 토성, 금성, 수성 등이 태양을 중심으로 돌고 있으며, 이 태양계는 소 은하계를 소 은하계는 대 은하계를 대 은하계는 소우주를 소우주는 우리가 말하는 전체의 우주에 상호 의지하여 일정한 규칙과 원칙에 따라 움직이고 있다는 것을 과학과 천문학자들이 밝혔듯이, 우리는 과학 시간을 통하여 이미 배워 이론적으로는 알고 있듯이 이 우주는 하나의 덩어리로서 움직이며, 물론 각각의 행성은 조건에 따라 그 에너지의 양이 다를 뿐 생멸이 없는 회전(모양이 만들어졌다가 흩어지고, 다시 뭉치는 반복행위)만이 있을 뿐입니다. 이렇게 바쁜 것이 우주입니다.

우리는 어린 시절 나지막한 언덕 위에 올라 친구들과 쭈그려 앉아 저 별은 나의 별, 저 별은 너의 별이라며 밤하늘을 구경하였던 시절이 있었습니다.

그렇다면 지금은 어린 시절 나의 별이라고 하였던 별은 어디에 있습니까?

시간과 공간이라는 정해진 규칙과 명칭들은 존재하지 않는데, 이상하게도 우리는 지난 시절을 과거로, 오늘은 머무름이 없어 실체가 없는데 현재를 오늘로, 내일은 보이지도 알 수도 없지만, 미래라고 이야기하고 있는 것이라 말입니다.

거리와 시간과 공간이란 상대적 위치에 따른 차이로 느껴지는 것이 시간이요, 거리일 뿐이니 결정코 우리 자신이 우주요!

우주가 나인 관계로 너 나를 구분할 수 없다는 것입니다.

우리들의 착각은 너무나 엄청난 차이를 가집니다.

광활한 우주의 수 천 억 개의 별들 가운데에 지구에 존재할 수 있는 조건을 가지고 지구를 배경 삼아 살아가는 모든 종은 모두가 하나 같이 평등한 기본 조건을 가지고 살아가고 있단 말입니다.

다만, 필요에 의한 진보적 진화의 과정이 다를 뿐 모두가 같은 기본적 조건을 가지고 살아가는 하나입니다.

이러한 지구라는 별 하나가 태양계의 별들과 함께 움직이고 있으며, 태양계는 은하계를 은하계는 또 다른 은하계를 이러한 은하계는 하나의 우주에 각 각인 듯 하나로 존재하며, 하나로 움직이고 있을 뿐인 것이 바로 우주요 우리들입니다.

앞장에서 간략히 말씀드렸듯이, 자신이 우주인 것을 인정하지 못하는 사람은 오랜 세월 자신의 삶 자체를 인정하지 못하고 살아가는 어리석음과 소극적인 생을 살 수밖에 없음이 안타까울 뿐입니다. 이러한 삶 자체도 모른 체 바삐 살아간다하니 어쩔 수가 없는 노릇인 것이죠.

이 장을 넘기면서 다시 한 번 강조 드립니다.

자신이 존재하는 곳이 우주의 중심이요, 자신이 존재하기에 방향과 시간이 있다고 느끼며 살아갈 뿐 과거나 현재 미래란 없다는 사실을 분명히 해두고 가면서, 우주에 가득한 원자들이 조건적 만남의 결과로 잠시 화합하고 있는 모습이 바로 지금의 자신이며, 화합의 조건이 다하면 나는 다시 분자로 흩어져 우주에 존재하다가 조건적 만남이 이루어지면 다시 형상을 갖게 될 것입니다.

5-3 학자의 우주

사실 이 저자도 우주를 설명할 수 있는 능력이 안 되는 것이 사실입니다. 그렇다고 노력을 하지 않을 수는 없기에 천문학 박사님이신 이시우 박사님의 저서를 인용해 독자님들과 우주에 대한 궁금증을 풀어보렵니다.

사실, 우리는 이 우주라는 제목부터 혼돈을 하고 있는지 모릅니다.

왜? 우리는 보통 우주를 그냥 고개 들어 보이는 저 하늘을 막연히 우주라고 생각했습니다.

물론, 아니라고 하실 분도 있겠으나 저는 그랬습니다.

그런데 우주에도 종류가 있다니?

물론, 천문학자들의 전문적인 지식으로 말입니다.

그렇다면 그 정의를 살펴봅니다.

동양의 우宇는 사방상하 공간을 말하고, 주宙 왕고래 금으로 시간을 나타냅니다. 그러기에 시간과 공간을 우주라고 할 수 있겠으나, 실제로는 자연계의 모든 물질과 이것이 포함되어 있는 4차원적 시공간 전체를 우주라 합니다. 그러므로 우주는 내용적으로 3가지로 구분할 수 있습니다.

그 첫째가 전우주全宇宙 형이상학적우주로 물리법칙이나 관측사실에 근거하지 않는 관념적 우주로서 주로 신화나 종교에서 언급하는 우주가 이에 해당합니다. 또는 누구나 자기마음대로 상상하는 우주가 있다면 그것이 전우주입니다.

두 번째는 물리적 우주로서 우리가 알고 있는 모든 물리법칙을 사용하여, 수학적으로 기술할 수 있는 우주입니다.

여기에는 4차원적 우주뿐 아니라 그 이상의 다차원 우주도 기술되어 있습니다. 우리가 잘 알고 있는 대폭발 우주가 여기에 속합니다.

세 번째로 관측 가능한 우주로서 현재 모든 관측 수단을 이용하여 관측할 수 있는 범주의 우주입니다.

여기서의 우주 공간의 한계는 가장 멀리 있는 천체의 거리에 의해 결정됩니다. 이러한 우주는 관측 수단의 발전에 따라 우주의 한계는 더욱 확장됩니다.

현재 관측 가능한 우주의 크기는 약 140억 광년입니다.

어떤 사람이 우주에 관해 알고자 한다면, 위 세 가지 우주 중에서 어떤 우주를 알고 싶은지 명확히 한 후에 논의를 계속하여야 한다고 밝혀두고 있습니다.

5-4 우주의 모양

    그렇다면, 우리가 존재하며 매일 함께 하는 지구가 속한 우주의 모양은 어떤 모습일까요?

    우주의 모양은 이 저자가 앞서 잠깐 4차원적 표현으로서, 모양이 이렇다 저렇다 정의 할 수 없다고 언급했습니다만, 이 저자의 소견 보다는 전문적 식견을 가진 이 시우 박사님의 글을 통하여 알아봅니다.

    우리가 궁금해하는 우주는 둥글까? 아니면 무한한 것일까?라는 의문은 물리적 우주에서 다루는 우주의 기하학에 관한 문제로 여기에는 평탄한 우주, 열린 우주, 닫힌 우주 등의 세 가지 4차원적 기하학이 있는데, 그중에서 3차원 기하학을 살펴보도록 하겠습니다.

    우리가 학교에서 수학 시간에 배운 기하학은 유클리드 기하학

첨부 도표1 : 삼각형의 내각의 합

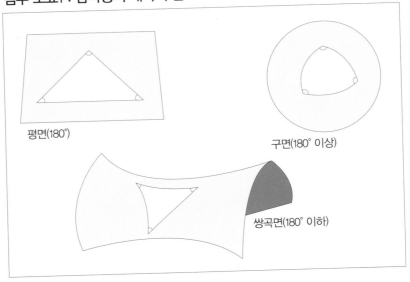

평면(180°)

구면(180° 이상)

쌍곡면(180° 이하)

으로 평면 위의 삼각형의 합은 180도입니다.

첨부 도표1(삼각형의 내각 합)의 표에서 말 안장처럼 생긴 면을 쌍곡면이라 하는데, 그 위에 그린 삼각형의 내각의 합은 180도 보다 이처럼 면의 종류에 따라 삼각형의 내각의 합은 달라집니다.

그러면 이것을 이용하여 우주의 공간이 어떤 모양인지 알 수 있는 간단한 방법을 살펴보도록 합시다.

첨부 도표2(산각형의 내각 측정)에서의 그림처럼 1억 광년씩 떨어진 3개의 은하가 있다고 합시다.

A은하의 관측자가 B은하와 C은하를 보고 측정한 내각이 A입

니다.

B은하와 C은하의 관측자들도 같은 방법으로 측정한 내각이 B와 C입니다.

이들 내각을 모두 합친 A+B+C의 180도면 이들이 있는 우주는 평탄한 우주이

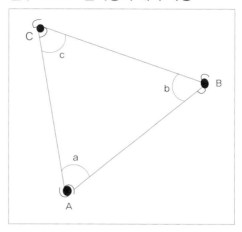

첨부 도표2 : 삼각형의 내각 측정

고, 180도 이하이면 열린 쌍곡면 우주이며, 180도 이상이면 닫힌 구면체 우주입니다. 물론, 이러한 관측을 실제로 할 수는 없습니다.

그러나 이론과 관측을 결합하여 우리가 어떠한 기하학적 우주에 있는가를 알 수는 있습니다.

현재까지의 관측 자료로는 첨부 도표3(우주의 모형 결정)에서 보이는 것처럼 명확한 자료를 얻을 수는 없습니다.

우주의 모형은 울퉁불퉁한 돌을 그릇에 담아 뚜껑을 닫으려면 돌을 적당히 잘라 내어야 하듯이, 마찬가지로 복잡하고 다양한 천

첨부 도표3 : 우주의 모형 결정

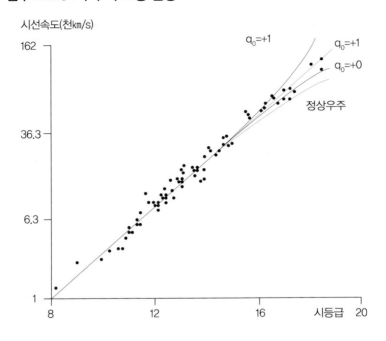

체들이 있는 우주를 잘 기술 하려면 적당한 가정을 써야 합니다.

　이러한 가정은,

　첫째 균일성 : 물질은 균일하게 분포합니다.

　둘째 등방성 : 물리적 성질은 사방에서 동등하게 적용된다.

　셋째 비간섭성 : 다른 지역 사이에 물리적 간섭은 없다.

　넷째 균질성 : 물리적 성질은 균질하다.

다섯째 보편성 : 언제 어디서나 물리적 법칙은 동일하게 적용된다.

이와 같은 과정을 통하여 얻어진 몇 가지의 우주 모형을 살펴보면, 그 첫째가 아인슈타인의 정적구면 우주로서 아인슈타인의 일반 상대성 이론에 의하면 물질이 존재하게 되면 그 주의에 공간이 형성됩니다.

그 물질들 사이에는 서로 끌어당기려는 힘이 있기 때문에 공간 속에 있는 물질은 모두 공간의 중심 쪽으로 모여들게 될 것입니다.

그런데 우주에 있는 은하들에는 이런 현상이 생기지 않으므로 아인슈타인을 끌어 당기는 인력에 대응하여 반대로 밀어내는 측력이 서로 균형을 맞추고 있다고 썼습니다.

그래서 일정한 크기를 가지고 정지해 있는 둥근 우주의 모형을 가정했는데 이를 아인슈타인의 정적구면 우주라 합니다.

이 우주의 반경은 약 3백억 광년입니다. 정적구면의 우주는 일정한 양의 물질을 가지므로 우주의 크기도 일정합니다. 그러므로 이 우주는 유한합니다.

그러나 우주 끝의 경계 안쪽과 바깥쪽 사이에 어떠한 물질적 장벽이 없기 때문에 우주는 무한합니다.

그래서 아인슈타인의 구면 우주는 유한하면서 무한하다고 합니다.

정적구면 우주의 모형이 발표된 이후, 허블에 의해 우주의 평창이 알려졌습니다.

그러나 아인슈타인은 이러한 사실을 알면서도 그의 정적구면 우주모형이 잘못된 것을 시인하지 않고 끝까지 입을 다물었다고 합니다.

그러면 이번엔 두 번째의 대폭발의 우주를 살펴봅니다.

오늘날 우주에 있는 모든 물체의 에너지는 아주 먼 과거의 한 점에 모여 있었습니다.

어떠한 이유로 대폭발이 일어나면서 막대한 에너지가 방출되고, 이로써 물질이 생성되면서 팽창하는 우주가 만들어졌다는 것이 대폭발의 우주 모형인 것입니다.

여기서 모든 것이 한 점(특이점이라고 함)에 모여 있었다는 것이 가장 기본적인 가정입니다.

체적도 없는 점에 어떻게 모든 것이 모일 수 있었으며, 또한 한 점에 모이기 전에는 우주가 어떠했는가를 물을 수 없습니다.

왜냐하면 모든 물리법칙이 성립되지 않기 때문입니다.

위와 같은 대폭발 우주 모형은 1929년 벨기에 과학자 '르메트

르'에 의해 제안되었고, 1948년 구소련의 물리학자 '가모프'에 의해 구체적으로 연구되었습니다.

대폭발의 우주 모형을 간추려 보면, 첨부 도표4(대폭발의 우주) 와 같습니다.

여기서 우주 초기(10^{-35}~10^{-32})에 일어나는 급팽창은 구즈 (Guth)에 의해 보완된 이론입니다.

대폭발 우주 모형에 따르면 우주 물질의 헬륨이며, 이것은 우 주가 탄생되고 3분 이내에 만들어진 것입니다.

이 값은 실제 별이나 성간 물질에서 관측된 값과 일치합니다.

그리고 현재 우주온도(우주 배경 복사 온도라 부름)는 영하 270도 로 대폭발 우주 모양에서 추정한 값과 일치합니다.

첨부 도표4 : 대폭발 우주

시 간	온 도	현 상
0	무한대	특이점에서 대폭발
10^{-43}초	5×10^{30}도	복사시대, 우주 크기는 2×10^{-33}cm
10^{-35}~10^{-32}초	5×10^{27}~5×10^{26}도	급팽창으로 우주는 10^{-25}m에서 10^{25}m로 팽창
10^{-6}~1초	1.5조~150억 도	핵자(양성자, 전자)의 생성
10초~3분	20억~10억 도	헬륨 핵의 생성
2만 년	2만 도	물질 시대
50만 년	3,000도	원자형성, 우주 크기는 26억 광년
3억 년	영하 173도	은하, 별, 행성 등 형성
150억 년	영하 270도	현재 우주

이러한 이유로 여러 우주 모형 중에서 대폭발 우주모형이 가장 많이 쓰여집니다.

대폭발 우주는 유한한 질량을 가진 진화 우주로서, 우주의 시작이 있고 또 우주의 팽창으로 물질밀도가 감소하는 것이 특징입니다.

우주가 현재는 평창하고 있지만, 이것이 영원히 계속될지 또는 어느 정도 지나면 팽창 속도가 줄어들면서 내부 물질의 강한 압력에 끌려 안쪽으로 수축할지 모릅니다.

만약 우주가 수축한다면, 모든 물질이 중심에 모여들어 대붕괴를 일으킬 것이고, 그러면 대폭발 우주도 다시 시작될 것입니다.

이와 같이 수축과 팽창을 지속하는 우주를 진동 우주라 합니다.

첨부 도표5(우주의 여러 모형)에서처럼 실제로 현재의 우주가 앞으로 팽창을 멈추고 수축할지는 의문입니다.

대폭발 때 생긴 복사 에너지가 모두 물질로 바뀌지 않았다면 일부는 아직도 남아 있어야 합니다.

그런데 복사 에너지는 우주의 팽창으로 점차 파장이 길어져 장파장 빛으로 변하게 됩니다. 이것이 현재 관측되는 우주 배경 복사 에너지입니다.

첨부 도표5 : 우주의 여러 모형

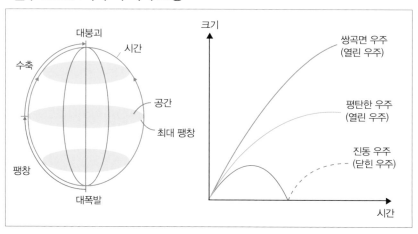

이 복사 에너지는 대폭발 때 생긴 빛의 화석에 해당합니다.

세계물리학박사 프리초프카프라의 저서에서 현대 두 물리학의 논제를 살펴보면, 우주를 상호 관계된 망으로 보는 관념, 그리고 우주적 망이 본질적으로 역동적이라는 것을 깨닫는 일입니다.

물질의 역동적인 면은 아원자 입자의 파동적 속성의 결과로서 양자론에서 발생했지만, 상대성 중심적 개념이 됩니다.

상대성이론은 물질의 존재는 그들의 활동으로부터 분리될 수 없다는 것을 보여주었습니다.

물질의 기초적 모형 즉 아원자 입자의 성질은 운동·상호 관계 및 변형같은 역동적 관계에서만 이해될 수 있습니다.

입자가 고립된 실체가 아니고, 파동 같은 확률 모형이라는 사실은 그들이 특이한 방법으로 행동한다는 것을 시사합니다.

아원자 입자가 작은 공간에 제한되게 되면, 극 주위를 돌면서 제안에 반응합니다.

이 제한의 범위가 작으면 작을수록 그 속에서 입자가 더욱 빨

리 맴돕니다. 이 행동이 전형적인 양자효과이며 그것은 거시 물리학에서는 그 유형을 볼 수 없는 아원자 세계의 특성으로 제한받을수록 더욱 빨리 도는 것입니다

제한에 대해 운동으로 반응하는 입자의 경향은 아원자 세계의 특정인 물질의 본질적인 무휴성無休性을 말합니다.

이 세계 속의 대부분의 입자는 분자, 원자 및 핵 구조속의 제한을 받고 있고, 따라서 이들은 쉬고 있는 것이 아니라 돌아다니려고 하는 본래적 성향을 가지고 있습니다.

양자론에 의하면 물질은 쉬거나 고요하게 있는 것이 아닙니다. 물질이 작은 구성체-분자, 원자 및 입자로 되어 있다고 보는 한, 이 구성체들은 계속적 운동의 상태에 있는 것입니다. 거시적으로 볼 때에는 우리 주위의 물체가 수동적이고 불활성적인 것으로 보이나 우리가 돌이나 금속의 이러한 고정된 모양을 확대해 보면 활력이 충만해 있음을 보게 됩니다. 더 가까이 볼수록 그것은 더욱 활기 있는 것으로 나타납니다.

우리 우주의 모든 물체는 원자가 서로 여러 가지 방법으로 연결되어 수많은 분자 구조를 형성하고 있는데, 이들은 딱딱하고 움직이지 않는 것이 아니라, 온도에 따라 그리고 환경의 열 진동과 조화를 이루면서 진동하고 있습니다.

진동하는 원자 속에는 전자가 전자력에 의해 핵에 묶여있으며, 이 전자력은 가능한 한 전자를 핵에 접근시키려고 하고 있고, 전자는 주위를 급히 회전함으로써, 묶어두려는 힘에 반응하고 있습니다.

마지막으로 핵 속에서는 양자와 중성자가 극히 작은 용적 내에 강한 핵력에 의해 압축되어 있고, 결과적으로 이것들은 상상할 수 없는 속도로 달리고 있는 것입니다.

이리하여 현대물리학은 물질이 수동적이고, 비활성적인 것이 결코 아니라 지속적인 무도와 진동운동을 하고 있다고 보는 것이며, 이 무도와 진동운동의 율동적 모형은 분자, 원자 및 핵의 형태에 의해 결정된다고 봅니다.

자연에는 정적인 구조가 존재하지 않는다는 사실을 우리는 깨닫게 된 것입니다.

자연 속에는 안정성이 있습니다.

그러나 그 안정은 연동적 평형속의 안정이며, 우리가 물질 속으로 더 깊이 들어갈수록 그 모형을 이해하기 위해서는 물질의 역동적 성질을 더더욱 이해해야 할 필요성이 있습니다.

5-5 입자

우리들이 고개 들어 별들을 보며 아름답다던 빛이 모양이기도 하고 파장일 수도 있습니다.

어느 종교에서 이야기했던 "색즉시공 공즉시색"이기도 하며, 현대물리학의 아버지라 말하는 아인슈타인의 공식 E=M2와 같은 뜻으로서 관찰자의 중심이 가장 소중하다지만 결국 에너지는 전자, 원자, 중성자와 장력의 활동 영역이라 할 수 있을 것입니다.

입자를 굳이 나누어 이야기하자면 분자, 전자, 중성자, 원자, 아원자, 현대에는 신의 입자라 하여 힉스, 쿼크 등으로 구분할 수 있지만, 이들은 갖기 개별적 존재이면서 개별적으로 각각의 가치를 드러내 보일 수 없다 할 것입니다.

원자주위를 전자와 중성자가 함께 공존하며 그와 함께 전자장

이라는 장력이 동시 공존하여 하나의 모양을 갖게 된다면 틀린
것일까요?

우리 인간의 육안으로는 모양을 보거나 전자나 중성자를 보지

는 못하지만, 분명히 존재하고 있으니 이를 우리는 빛이요! 이러한 빛은 모양이며 파장이기도 합니다.

입자가 에너지의 활동을 한다면 우리들의 육안에는 파장처럼 보이지만 이는 에너지 분자의 활동이 이렇게 보이는 잘못된 착시현상일 뿐입니다.

우리가 이런 머리 복잡하게 입자, 분자니 하는 이야기를 굳이 알아야 할까요?

그렇습니다.

우리는 원자를 벗어나 살 수 없는 것이기 때문입니다.

세계에서 존재하고 있는 인간이 제작한 기계 중 가장 큰 기계인 입자가속기와 입자 검출기를 살펴볼 필요가 있어 옮겨봅니다.

입자가속기는 새로운 입자를 생성할 만큼 에너지량을 최대한 하는 기계입니다.

자연은 어느 특정한 관계에서의 운동량을 보존하기 때문에 입자 빔에서 입자의 순 운동량은 충돌의 산물 속에 남겨집니다. 이런 식으로 남겨진 운동량은 운동에너지를 가지며 그 에너지는 새로운 입자 생성에는 기여하지 않습니다.

그러나 만약 두 개의 입자가 크기는 같고 반대인 운동량으로 정면충돌한다면, 이들의 방향이 반대이기 때문에 그 충돌로써 운동량은 없으며, 어떤 운동량이나 에너지도 이후에 남지 않습니다.

이 특별한 경우에 충돌하는 입자의 모든 에너지는 새로운 입자를 생성되는데 사용됩니다. 정면으로 충돌하는 경우는 거의 없지만 아주 많이 충돌시킨다면 정면충돌도 그만큼 많아져 충돌 에너지의 많은 부분이 새로운 입자를 만드는 데 사용될 것입니다.

또한, 입자 검출기의 입자 만들기와 탐지는 별개의 일입니다.

입자 검출기의 종류는 매우 많고, 탐지하고자 하는 입자의 형태에 따라 선택할 수도 있으며, 특정 실험을 위해 특별 제작되기도 합니다.

가속기에서 생성된 고에너지 입자는 입자 검출기 안의 기체를 통과하면서, 형태로 퍼져있는 원자로부터 전자를 떼어냄으로써 이온과 전자라는 자취를 남깁니다.

기체는 대전된 입자의 궤적을 휘게 하는 자기장 속에 있는 "챔버" 속에 있습니다.

이들의 궤적을 통해 우린 입자의 운동량과 전하를 알 수 있습니다.

5-6 원자

원자는 일상적인 물질을 이루는 작은 단위이며, 일상적인 물질들은 원소로 구성되어 있으며, 이는 화학 반응을 통해 더 작게 나눌 수 없는 단위의 동의어라 보면 될 것입니다.

어원을 살펴보면 기원전 450년경에 '데모크리토스'가 그리스 어의 부정을 뜻하는 a와 지름을 뜻하는 tomos를 합성하여 atomos라는 자를 수 없음을 뜻하는 단어를 만들어냈습니다.

후에 데모크리토스의 제자들의 맥이 끊어져 중세에는 잊힌 이론이었으나 근대에 주류 학설로 주목받아 재등장하게 됩니다.

근대에 이르러서 '존 돌턴'이 원자론을 재개발하고 atom이라는 단어를 정립하게 되었습니다.

한자로는 근원이 되는 물질이라 하여 근본 원자를 사용하여 원자로 확립하였습니다.

물론 현대에 이르러서는 원자도 더 작은 입자들로 구성되어 있다는 것을 발견하였기에 전류의 방향이 실제로는 반대인 것처럼 현재에 와 어원의 뜻과 실제의 정의가 달라졌습니다.

　간단히 구조를 살펴보면 원자의 중심에는 원자의 핵인 양성자, 중성자가 모여 있으며 주변에는 전자가 모여 구름처럼 둥글게 감싸고 있습니다.

　이렇게 간단히 살펴보았습니다.

　이 졸저는 물리학 도서가 아니기에 부족하시겠지만 이 정도로

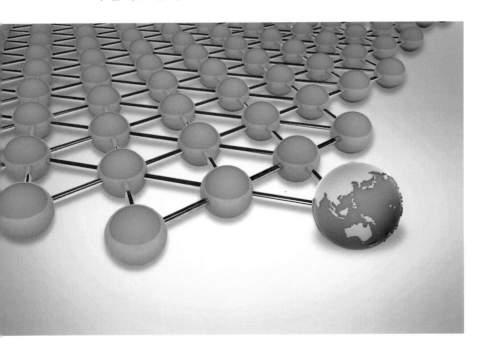

옮겨드려 보면서 모든 고체, 기체, 액체 등 모양을 갖추고 있는 모두는 원자로 이루어져 있습니다.

원자는 원소라 하여도 틀리지는 않겠지만 원소는 화학적 반응으로써 표현이라 할 수 있고, 원자는 원소를 구분하여 최소의 단위로 표현할 수 있는 것입니다.

이렇게 본다면 원소를 반응할 수 있는 우리들은 DNA라고 하면 왠지 친근감이 있으시죠?

사실, 이 DNA가 분자들입니다.

원소주기율과 원소 이야기를 전장에서 잠시 겉보기를 하였는데 우리들뿐만이 아니라 지구에 존재하는 생명들을 존재케 하는 분자들은 여섯 가지의 원자만 있으면 된다는 사실입니다.

그것이 여섯 가지 원자의 머리글자만 따서 CHNOPS라고 합니다. 이를 나누어 본다면 C탄소, H수소의 현재, N질소의 현재, O산소의 현재, P인, S황 여섯 원소들의 원자들이 상호조건적 섞임으로 우리들의 육신을 지탱하고 있으며, 이러한 육신의 구조 전부는 아니라 할지라도 일부 원리라도 맛을 보아야 할듯하여 옮겨보았습니다.

무한한 가능성의 원자, 이러한 원자는 전자와 중성자를 벗으로 삼으며 공존하고 있다고 볼 수 있습니다.

5-7 전자

원자주위를 공존하며 중성자와 함께 한시도 쉬지 않고 움직이고 있는 음의 기본 전하를 띈 아원자라는 것이 전자입니다.

이는 1897년 J J 톰슨이 발견하였습니다.

우리들의 몸과 공기가 이런 원자들의 전자를 서로 공유 하는 방식으로 만들어졌다면 벽을 통과하여 걸어 다닐 수가 없는데, 공기 속을 걸어 다닐 수 있는 이유는 무엇일까요?

공기 속엔 원자들로 가득하며 그 주위엔 전자들이 가득하여 우리는 걸어갈 수 없어야 합니다.

하지만 공기 속의 원자들 모두가 전자를 공유하지는 않기 때문입니다. 이를 물리학에서는 파울리 원칙이라고 합니다.

공기 속 원자들에게 전자가 달라붙지 않기 때문에 딱딱하지 않으며, 그러하기 때문에 우리가 걸어 다닐 수 있는 것입니다.

공기 속의 원자를 둘러싸고 있는 전자들은 우리가 걸어가면 피해줍니다. 그러면서 때로는 부딪치기도 하면서 바람을 일으킵니다. 이것이 기체와 고체의 차이입니다.

액체 속에서는 가까이 있는 원자들이 단단히 결합되어 있지만 우리의 움직임을 막을 정도는 아닙니다.

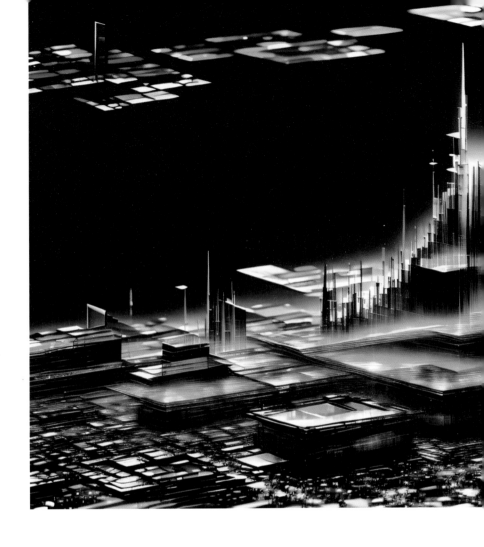

　우리가 만약 높은 곳에서 물로 뛰어들면 물속 원자들의 결속 저항으로 인하여 부딪치면서 고통을 느낄 수도 있습니다.

　고체 속의 원자들은 우리가 억지로 힘을 써야지만 물러납니다.

　하나의 예를 보면 종이를 가위로 자르듯이 원자 주변을 감싸

고 있는 전자 하나가 자리를 내어 주는 과정을 봅니다.

　원자가 광자와 충돌하여 전자 하나 혹은 여럿을 잃는 것을 과학자들은 이온이라고 부른답니다. 이온은 결합하여 분자를 이룰 수 있는 상태를 만들려고 하는 경향이 있습니다. 이러한 이온은 전자를 찾기 위해 필사적이랍니다.

이를 물리학적 용어로는 반응성이라고 하는데 역으로 분자 안에서 전자들이 만들어낸 결합이 깨질 수 있다 하겠습니다.

이때 보통 에너지가 방출되는데, 그 덕분에 우리는 음식을 먹고 기운을 내게 되는 것이며, 몸속에서 벌어지는 화학 반응으로 음식 안에 들어있는 분자들의 결합이 끊어지면서, 방출되는 에너지가 생명을 유지하는데 여러 방식으로 이용되고 있는 것입니다.

그러합니다.

우리가 입자들로 이루어진 에너지원을 먹고 살아가는 것이 육신이기 때문에 이 저자는 짧은 식견으로나마 입자에 관한 정보를 공유해 본 것입니다.

만약 이러한 식견이 부족하시다는 견해를 가지신 독자분들은 전문 서적을 접해보시길 권해드립니다.

제 6 장
인간 설계도

지구별에 존재하는 일체는
지구별의 에너지 파장으로,

모양을 갖추고 있는 모든 것은
유정, 무정 구분 없이,
인간과 같이 늙고, 병들고, 멸한다.

보선 합장

6-1 게놈

게놈Genom이란? 명사로서 생물학적 표현입니다.

DNA 속에 있는 약 3 만개 정도의 유전자가 있으며 30억 개의 염기가 있는데, 이런 염기의 총량을 유전체 혹은 게놈이라 할 수 있습니다.

배우자配偶者에 함유된 염색체 혹은 유전자 전체, 보통의 개체 (2배체)의 세포는 자성雌性 배우자와 웅성雄性 배우자에 유래하는 두 개의 게놈을 가지며, 3~4개의 게놈을 가진 것을 각각 3배체, 4배체라 합니다.

게놈은 유전체라 하며 한 개체의 유전정보를 가리키는 말입니다. 짧게 살펴본다면, 사람의 염색체는 22쌍의 체염색체와 1쌍의 성 염색체 등 모두 23쌍으로 구성되며, 각각의 쌍은 부모 양측에서 하나씩으로 이루어집니다.

그런데 생식세포에서 벌어지는 감수분열 때 1쌍의 염색체 사이에 서로 상당한 부분이 임의 교체되며, 어떤 염색체가 생식세포에 선택되느냐에 따라 다음 세대에 물려줄 유전정보가 달라집니다.

이것이 친형제 사이도 유전적 차이가 생기는 것입니다. 유전자 염기 서열의 돌연변이가 일어나도 유전자들은 변합니다.

생명현상이 뒤죽박죽되지 않도록 그 주축을 이루는 단백질들이 엄격한 통제 속에 미리 작성된 유전정보에 따라 만들어지도록 하면서 자연은 획일성보다 다양성을 선호하며, 어느 한 곳에 투자하지 않는 현명한 길을 선택합니다.

1920년 함부르크대학의 식물학 교수인 한스 빙클러가 만든 말입니다.

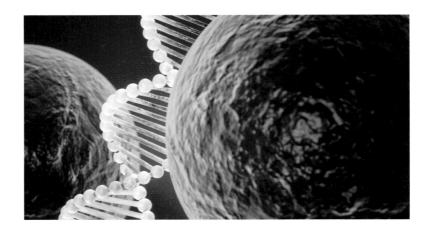

6-2 DNA

유전자의 본체本體로 디옥시리보오스를 함유하는 핵산, 바이러스의 일부 및 모든 생체 세포 속에 존재하며, 진핵眞核 생물에는 주로 핵 속에 있습니다.

아데닌, 구아닌, 시토신, 티민의 4종의 염기를 함유하며, 그 배열 순서에 유전정보가 포함됩니다.

디오시리보핵산(Deoxyrlibo nucleic acid), 약칭 DNA는 대부분의 생명체(일부 바이러스 제외)의 유전정보를 담고 있는 화학 물질의 일종입니다.

현대 분자생물학의 필수 요소이며, 생물학 하면 떠오르는 대표적인 이미지인 이중 나선 구조물의 주인공입니다.

DNA는 본래 세포 내에서 가느다란 실과 같은 형태로 존재합니다.

그러나 세포가 분열할 때 DNA의 이동 편리를 위해 DNA가 엉겨 붙으며 굵직한 구조체를 형성하게 되는데 이를 염색체라 합니다.

또한 DNA에 저장된 유전 정보자체를 유전자라 합니다.

1953년에 왓슨(J. D. watson)과 크릭(F.H.C.Crick)이 DNA의 분자 모델로서 이중나선二重螺旋 구조를 제안하여 분자생물학에 기여하였습니다.

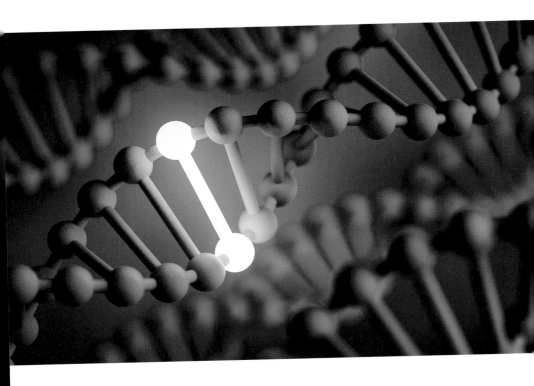

6-3 RNA

리보핵산인 RNA는 유전자의 코팅, 디코팅, 조절 및 발현에서 다양한 생물학적 역할에 필수적인 고분자 분자입니다.

RNA와 디옥시리보핵산은 핵산입니다.

지질, 단백질 및 탄수화물과 함께 핵산은 알려진 모든 형태의 생명체에 필수적인 4가지 주요 거대 분자 중 하나를 구성합니다.

DNA와 RNA의 차이점은 세 종류의 염기(아데닌, 구아닌, 사이토신)에 타이민을 쓰면 DNA, 유리실을 쓰면 RNA입니다.

그리고 뼈대를 구성하는 당이 디옥시리보스면 DNA, 리보스면이라면 RNA입니다.

DNA는 타이민을 사용하고 RNA는 유라실을 쓰는 이유는 다음과 같습니다.

리보핵산(Ribo Nucleic Acid)으로 약칭 RNA는 핵산에 속한 물질입니다.

5탄당인 리보스Ribose를 중심으로 구성되어 있으며, 보통 단일 가락이 서로 얽히고설킨 구조를 띱니다.

RNA는 특이하게도 그 자체가 단백질을 효소로서 작용하는 리보자임ribozyme도 있기 때문에 단백질을 스스로 합성해 효소로 사용할 수 없었던 초기의 생명체는 스스로 역활을 할 수 있는 RNA를 유전물질로 사용하였을 것이라 추측하기도 합니다.

RNA는 리보핵산(Ribo Nucleic Acid)의 약자로서 ribose라고 부르는 당분자에 인산과 염기가 붙은 구조이며, DNA는 립오스가 아닌 디옥시리보오스(deoxyribose)를 가지고 있는 차이점입니다.

6-4 유전자

유전자는 유전의 기본 단위입니다.

지구상의 모든 생물은 유전자를 지니고 있습니다.

유전자에는 생물의 세포를 구성하고 유지하고, 이것들이 유기적인 관계를 이루는데 필요한 정보가 담겨 있으며 생식을 통해 자식에게 유전됩니다.

유전자에 대한 개념을 처음 제시한 과학자는 오스트리아의 가톨릭 수도사제였던 "그레고어 멘델(G.J.Mendel)"입니다. 멘델은 완두콩을 이용한 실험을 통해 멘델의 법칙을 발견함으로써 유전 원리를 처음 과학적으로 밝혀내고, 유전자의 존재를 추정하여 이에 대한 가설을 세웠습니다.

멘델은 이러한 결과를 1865년 발표했으나, 그 당시에는 큰 반응을 불러일으키지 못해 이슈가 터지진 못했고, 1884년 멘델이 사망 후 16년이 지난 1900년에 코렌스(c,correns), 체르마크 (E.V.tschermak), 드 브리드(H.de Vries)라는 세 명의 과학자가 같은 시기에 멘델의 연구를 다시 발견하여 멘델의 업적이 세상에 알려졌습니다.

멘델의 법칙이 알려진 후 과학자들은 실제로 멘델이 예상했던 유전물질이 무엇인지를 찾아내는 데 집중했습니다.

그리고 1903년 서튼(W.S.sutton)은 곤충에서 염색체가 정자와 난자에서 둘로 쪼개졌다가 수정될 때 하나로 합쳐지는 현상을 관찰하고 멘델이 추정한 유전인자가 염색체에 있다는 사실을 검증했습니다.

1909년에는 이 유전인자에 요한센(W.johannsen)이 유전자라

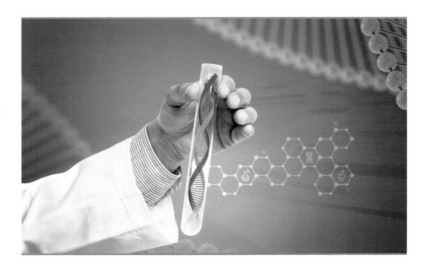

는 이름을 처음으로 사용했습니다.

그리고 개념상으로 존재하던 유전자는 모건(T.H.Morgon)의 초파리 실험에서 확실히 염색체 있다는 사실을 확인했습니다.

1928년에는 그리피스(F.Griffith)가 폐렴쌍규균을 이용하여 형질전환 실험을 하여 유전자의 존재를 확인하고, 이 실험 방법을 이어받아 1943년에 에이버리(O.T.Avery)가 DNA를 따로 분리한 형질전환 실험을 합니다.

이 실험을 통해 에이버리는 DNA가 유전자를 구성하는 물질이라는 것을 주장하지만, 아직 이 당시에는 단백질설이 더 받아들여지고 있었습니다.

1952년에 허시(A. Hershey)와 그의 제자인 체이스(M.Chase)가 박테리오파지를 이용한 실험을 하여, 유전자의 본체가 DNA라는 사실을 거의 확정적으로 만들게 됩니다.

표식을 붙인 박테리오파지의 DNA는 박테리오파지에서 대장균으로 옮겨 갔지만, 표식을 붙인 단백질은 옮겨 가지 않았던 것입니다.

이후 1953년에 어왓슨(J.D.Watson)과 크릭(F.Crick)이 DNA의 이중나선 구조를 밝히면서 현재와 같은 유전자의 개념이 거의 확립되었습니다.

6-5 염색체

염색체란 생명체의 유전정보를 유전자 형태로 운반하는 핵산과 단백질로 이루어진 실 같은 구조로 정의됩니다.

유전정보를 저장하거나 딸세포로 전달하는 역할을 하며, 세포를 관찰하기 위해 사용하는 특정 염료에 잘 염색된다고 하여 붙여진 이름입니다.

진핵세포를 지닌 생물의 세포의 핵 속이나 분열기에는 핵이 사라진 이후의 과정에서 보이는 DNA를 포함하는 구조물입니다.

대개 실타래나 막대 모양으로 염색체가 응축되어 있으며, 세포 주기 중 갓 형성되는 전기에서 X자 형태를 띱니다.

세포분열기 때, 유전 물질을 보호하면서 딸세포들에게 형평성 있게 유전정보를 분배하기 위해 핵 속의 염색체가 응고됩니다.

일반적으로 두 배수체 생물의 체세포가 가지고 있는 염색체수를 2n⑴이라고 하며, 감수분열시 개수가 반감하여 n이 됩니다.

남녀(동식물 암·수)와 상관없이 체세포에 공통으로 들어 있는 염색체는 상염색체라 하며, 성별에 따라 다르게 가지고 있는 염색체는 성염색체로 나뉘며, 모양과 크기가 같은 염색체는 상동염색체라 나무키위 개요에서 밝히고 있습니다.

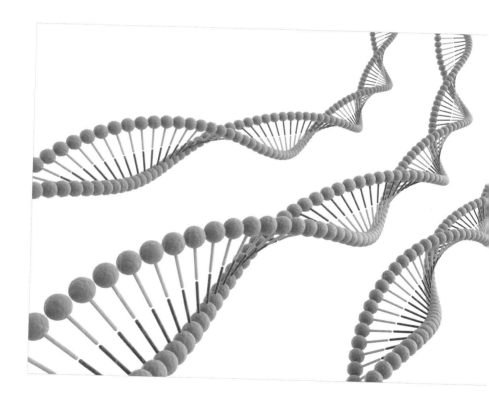

6-6 DNA의 편집

유전자의 편집 카리스프의 희망으로 유전자 치료에 이 저자도 기대하는 바가 크기 때문에 잘 알지도 못하는 생물학의 6장을 소개하려 했던 것입니다.

1940년대~1950년대에 과학자들이 고배율현미경으로 침입하는 세균에 달라붙은 박테리오파지를 처음 보았을 때 세균 바이러스는 다윈의 자연선택설을 입증했다고까지 했습니다.

단백질이 아니라 DNA가 세포 유전물질이라는 점을 증명했던 것입니다.

유전자 암호가 단백질을 구성하는 각각의 아미노산을 지정하는 DNA 염기 세 개로 이루어졌다는 사실은 박테리오파지를 통해 증명되었습니다.

또한, 박테리오파지 실험은 세포 속에서 유전자가 활성화되고 비활성화되는 과정을 밝히는 데도 공헌했습니다.

바이러스가 외부 유전자를 감염된 세포 속으로 실어 나를 수 있다는 조슈아 레더버그의 발견도 살모넬라균을 특이적으로 감염시키는 박테리오파지를 통해서 이루어졌습니다.

바이러스로 외부 유전자를 세포 속으로 운반한다는 발상은 유전자 치료 초기에 영감을 주었습니다.

분자유전학은 세균 바이러스를 이용한 다양한 실험으로 기초를 세웠습니다. 박테리오파지 연구는 1970년대 분자생물학 혁명에도 이바지했습니다.

박테리오파지 감염을 막는 세균 면역체제를 연구하던 과학자들은 실험관에서 합성 DNA 조각을 자를 수 있는 제한효소를 발견했습니다.

제한효소를 박테리오파지에 감염된 세포에서 분리한 다른 효소와 결합해 사용해서 과학자들은 인공 DNA 분자를 실험실에서 설계하고 복제할 수 있었습니다.

동시에 박테리오파지 게놈은 새롭게 발명한 DNA 염기 서열 결정법의 표적으로 사용되었습니다.

1977년 프레드 생어 연구팀은 @?X174라는 박테리오파지의 DNA 게놈서열을 완전하게 분석하는 데 성공했습니다.

25년 후, 이 박테리오파지는 또다시 유명해졌습니다.

@?X174 게놈이 최초로 실험실에서 완벽하게 인공적으로 합성되었기 때문입니다.

박테리오파지는 실험실에서 뿐만이 아니라 지구에 가장 널리 퍼진 생물로도 유명합니다. 빛과 토양처럼 자연계에서 흔한 존재이며 흙, 물, 인간의 장, 온천, 빙하, 핵 등 생명체가 살 수 있는 곳이라면 어디서나 발견할 수 있습니다.

과학자들은 지구에 존재하는 박테리오파지의 수가 대략 1031 정도는 되리라고 평가했습니다. 1 뒤에 0이 자그마치 31개가 붙어있는 숫자입니다. 찻숟가락 하나 분량의 바닷물에는 뉴욕시의 시민 수보다 더 많은 박테리오파지가 들어 있습니다. 놀랍게도 박테리오파지가 감염시킬 수 있는 세균보다 파지의 수가 훨씬 더 많습니다. 세균도 많지만 세균의 바이러스는 그 10배를 넘습니다.

세균 바이러스는 지구에서 수없이 많은 감염을 매초 일으키며 바다 속에서도 매일 모든 세균의 40%가 치명적인 박테리오파지에 감염되어 죽습니다.

세균 바이러스는 치명적인 존재로 수십억 년 동안 냉혹하리만치 효율적으로 세균을 감염시키도록 진화했습니다.

모든 박테리오파지는 내구성 높은 단백질 껍질인 캡시드 안에 유전물질이 들어있는 구조를 갖습니다. 박테리오파지는 캡시드 형태가 다양한데 어떤 형태든 바이러스 게놈을 안전하게 보호하기 위해 최적화한 구조로 바이러스를 증식하고 전파할 수 있는 세균 세포 안에 바이러스 유전물질을 효율적으로 전달합니다.

박테리오파지 중에는 우아한 20면체 구조를 가진 것도 있고, 구형 캡시드에 긴 고리가 달린 것도 있습니다. 실 같은 모양의 박테리오파지는 원통형으로 생겼습니다.

이중 가장 무섭게 생긴 바이러스는 외계인의 우주선처럼 세포 외부표면에 다리가 붙어있는 형태로 머리에는 DNA가 저장되어 있고 착륙한 세균 세포 속으로 DNA를 주입하는 펌프가 달려 있습니다. 겉모습처럼 바이러스의 작업방식도 다양하지만 항상 무자비하며 극도로 효율적입니다.

어떤 바이러스 게놈은 캡시드 안에 아주 단단하게 뭉쳐있어서 단백질 껍질이 열리자마자 샴페인 병을 딸 때처럼 내부압력을 단번에 터트리면서 세균 세포 속으로 폭발하듯이 퍼져나갑니다.

일단 바이러스 게놈이 세균 세포 속으로 퍼지면 숙주조직을 빼앗는 경로는 두 가지가 있습니다.

용원성 경로에는 바이러스 게놈이 숙주인 세균의 게놈에 끼어들어가 수많은 세대를 거듭하면서 자기복제를 할 적당한 시기를 기다립니다.

이와 대조적으로 용균성 경로에서는 바이러스 게놈이 숙주의 모든 것을 즉시 차출해서 세균이 자기 단백질 대신 바이러스 단

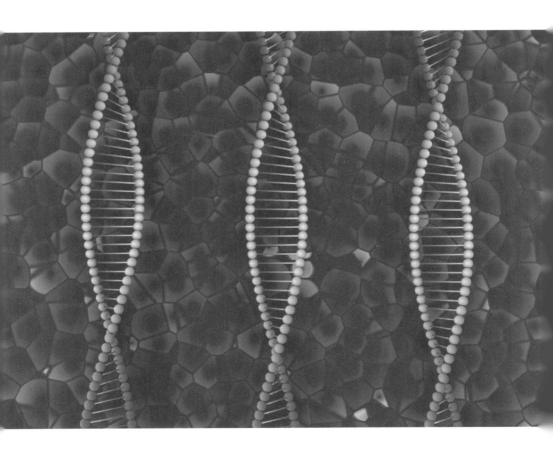

백질을 생산하게 하고 바이러스 게놈을 수없이 복재해서 세균 세포가 축적되는 압력을 못 이겨 난폭하게 폭발하며, 새로 만들어진 박테리오파지를 산산이 흩뿌려 이웃 세포에 감염을 일으킵니다.

세포 침입, 납치, 복제, 전파로 이어지는 이 생활사를 통해 박테리오파지 하나가 세균 집단 전체를 몇 시간 만에 전멸시킬 수 있습니다. 하지만 세균도 이 오랜 전쟁에서 맥없이 당하고만 있지 않습니다.

식물과 동물처럼 세균도 수 십 만년의 진화를 거치면서 인상적인 방어전략을 개발했습니다.

그 가운데 중요한 것은 세균이 자신의 게놈에 독특한 포지를 달아서 발현하는 유전정보에는 영향을 미치지 않은 체 DNA 화학적 형태만 미묘하게 변화시키는 전략입니다.

그런 뒤, 세균은 박테리오파지가 만든 구멍을 막아서 박테리오파지 DNA가 주입되는 일을 막거나 세포 표면에 파지 단백질 분자가 부착하는 것을 막아서 박테리오파지 DNA가 세포 속으로 들어오는 일 자체를 방해할 수 있습니다. 세균은 다가오는 감염위험을 감지하고 박테리오파지가 증식하기 전에 자살하는 방법도 개발했습니다.

자살은 더 큰 세균공동체를 보호하는 이타적 행동입니다.

크리스퍼는 또 다른 항바이러스 방어기전일까요? 세균과 박테리오파지 사이의 무기 경쟁에 관해 이해하면 이해할수록 다른 무기체계가 발견될 가능성에 무게를 둡니다.

2002년 크리스퍼라는 용어를 최초로 제시한 네덜란드의 루드 얀선 연구팀의 컴퓨터를 이용한 데이트 분석 결과는 세균 염색체의 크리스퍼 영역에 항상 붙어있는 유전자 무리의 존재를 확인했으며, 이 영역은 반복 서열이나 크리스프 DNA 안의 스페이스가 아니라 온전하게 독립된 유전자 집단이었습니다.

그러나 이와 동시에 연구진들은 크리스퍼 면역체계가 움직이는 표적이라는 점을 발견하게 됩니다. 크리스퍼는 하나가 아닌 다양한 변형체가 존재했습니다.

과학자들은 크리스퍼 영역 끝에 붙어있는 캐스 유전자의 다양한 조합을 비교한 뒤 예측한 대로였습니다.

더 나은 염기 서열 분석 도구를 사용하여 세균과 고세균 게놈 서열을 분석하는 과학자들이 내어놓은 많은 데이터가 그 밑 그름이 되었으며, 크리스퍼 면역체계는 다양성이 매우 높으며, 캐스 유전자와 캐스 단백질이 독특하게 보완하는 여러 다양한 범주로 나눌 수 있음이 밝혀졌고, 2005년에는 각각 다른 아홉 종류의 크리스퍼 면역체계가 밝혀지기도 했습니다.

물론, 여기까지의 옮긴 글로서 세포학과 생물학을 이야기 할 수는 없겠지만 이 졸저의 작가는 우리 인간의 욕구를 충족하기 위하여 우주 지구별 자연법칙인 생·로·병·사의 연기법칙을 지식으로 풀어보겠다는 희망을 가진 학자들의 착각과 희망적 메시지로 환자뿐만 이 아니라 모든 생명체의 병고를 근시안적인 사고로써 사라지게 하려는 생각에 동의해야 하나, 병고란 만 생체들이 가지고 있는 당연한 인연법칙으로서, 학자들이 연구하는 카리스프의 연구 방향은 불생불멸의 상을 바꾸려는 임시방편임을 알아야 하는데, 이러한 눈부신 학자들의 연구로 오늘날 "유전변형 생명체GOM"이라는 단어를 살펴볼 필요가 있습니다.

미국 농무부는 유전자 변형을 "특정 목적을 위해 식물이나 동물을 유전 공학 기술이나 다른 전통 적인 방법을 이용해서 유전 가능한 방식으로 개선한 생산품"이라고 정의하지만, 이 폭넓은 정의는 전통적인 방법인 돌연변이 육종법뿐 아니라, 유전자 편집 같은 새로운 기술도 포용할 수 있습니다.

사실 이러한 정의에 따른다면 우리가 먹는 야생버섯, 야생 산딸기, 야생 생선을 제외한 모든 식품을 GOM으로 볼 수 있습니다.

　다만, 일반적인 GOM의 정의는 유전물질이 유전자 재조합 기술과 외부 DNA를 게놈으로 삽입하는 유전자 삽입으로 변형한 식품만 포함합니다.

　2015년 현재 미국에서 경작하는 전체 옥수수의 92%, 목화의 94%, 콩의 94%가 유전적 변형 작물입니다.

　사실 2022년 현재 우리 식탁의 95% 정도는 인위적 변성식품이라고 해도 과하지 않을 것으로 보며, 이러한 유전학의 발달이 부정적 결과 또한 포함할 수밖에 없다는 염려에서 얇은 지식으로 학자들의 글을 옮겨 드려보았습니다.

제 7 장
우리

육도 중에 인간계로 왔다는 것은,
헤아릴 수 없을 정도로 많은 윤회를
거쳐 왔음이니,
이 시간의 소중함을 알고
타인을 존중하고,
자신을 사랑하려는 노력이 절실하다.

보선 합장

7-1 정체성과 건강

새로운 물리학 및 생명 유기체에 대한 시스템적 견해와 일치할 건강에 대한 전일적 접근을 위해 전혀 새로운 토대를 구축할 필요는 없고, 다른 문화에 존재하고 있는 의학 모델에서 배울 수 있을  것입니다. 현대 과학 사상-물리학, 생물학 및 심리학-은 많은 전통 문화의 신비적인 견해와 대단히 비슷한 실재관으로 나아가고 있습니다.

많은 전통 문화에서는

인간의 정신과 육체에 대한 지식과 치료 행위가 자연 철학과 정신적 훈련 속에 통합되어 있습니다. 따라서 건강과 치료에 대한 전일적 접근은 현대 과학 이론에 일치하면서 많은 전통적 견해와 조화를 이루게 될 것입니다.

다양한 문화가 가지고 있는 의료 체계를 비교 한다는 것은 대단히 주의를 필요로 합니다. 현대 서구 의료 제도를 포함한 어떤 의료 체계라도 그것은 역사의 산물이며, 특정한 환경과 문화적 맥락 속에서 존재하는 것입니다. 이 맥락이 계속 변화 한다면 건강을 관리 하는 체계도 계속 변화해야 할 것입니다.

스스로 새로운 사항에 적응하고 새로운 경제적, 철학적 및 종교적 영향에 의해 수정도 될 것입니다. 따라서 어떤 의료체계가 다른 사회에 적응될 때의 유용성은 크게 제약을 받게 됩니다. 하지만 전통적 의료 체계를 연구하는 것은 도움이 될 것입니다. 물론, 그것을 우리 사회의 의료 모델로 쓰기 위해서가 아니라, 비교 문화 연구가 우리의 시야를 넓혀주고, 건강과 치료에 대한 현대 사상에 새로운 빛을 줄 수 있기 때문입니다.

전 세계의 문자 없는 문화들에서 병의 근원과 치료 과정은 영적 세계에 속하는 힘과 관계되어 있었으며, 이에 병을 다루는 심히 다양한 치료 의식과 행위가 개발되었습니다. 이들 중 샤머니

즘의 형태는 현대 정신요법과 몇 가지 유사점을 보여 주고 있습니다.

샤머니즘의 전통은 역사의 여명 기초부터 존재해 왔으며, 전 세계적인 많은 문화에 여전히 활발하게 존속되고 있습니다. 샤머니즘의 형태는 문화에 따라 너무 심한 차이를 보이기 때문에 일반적인 기술이 거의 불가능하며, 샤먼은 공동체 구성원을 대신하여 마음대로 비상상적인 의식 상태로 들어가서 영적 세계와 접속할 수 있는 남자 또는 여자를 말합니다.

역할과 제도가 별로 분할되지 않은 문자 없는 세계에서, 샤먼은 일방적으로 종교적 정치적 지도자이며, 또한 의사에서 대단히 강력한 카리스마적인 존재였습니다.

사회가 진화됨에 따라 종교와 정치는 제도적으로 분리되었으나, 종교와 의료는 일반적으로 동반해 왔습니다. 이러한 사회에서의 샤먼은 역할과 종교적 의식을 주제하고, 접신接神을 통해예언하고 병의 진단과 치료를 맡습니다. 전통적 샤머니즘과 더불어 세계의 주요 문화에는 그 황홀경에 의존 하는 것이 아니라기록으로 전승된 기술을 사용하는 민족 의료 체계가 발달하였습니다.

이러한 전통은 보통 샤먼 체계에 반대하여 형성됩니다. 이렇게 되면 샤먼은 의식을 전문적으로 지휘하고 권력에 대해 조언하는 기능을 상실하며, 권력 구조에 대한 잠재적 위협으로 흔히인식되는 중심권 밖의 인물이 됩니다. 이러한 상황 하에서 샤먼의 기능은 진단과 치료 그리고 부락 단위의 상담자의 위치로 바뀌게 됩니다. 광범위한 서구 의료의 채택과 민족 의료 체계에도불구하고, 이 체계의 샤머니즘은 세계 도처에 남아 있습니다.

대부분의 국가와 넓은 지역 사회에서는 샤머니즘이 여전히 중요한 의료 체계이고, 주요 도시에서도 역시 아직 활기를 띠고 있습니다. 병의 샤머니즘적 개념의 현저한 특색은 인간은 질서 있는 체계의 불가결한 부분이며, 모든 병은 우주적 질서 외의 부조화한 결과라는 믿음입니다. 병은 일종의 부도덕적 행위에 대한 징벌이라고 해석되는 경우도 대단히 흔합니다. 따라서 샤먼적 치료는 자연 속에서나 인간관계 또는 영적세계의 관계에서 조화 또는 평형을 회복할 것을 강조합니다.

탈골, 골절 또는 벌레에 물린 것 같은 사소한 병이나 아픔도 운이 나빠서 생겼다고 보지 않고, 더 큰 질서에서 불가피하게 나타난 현상으로 봅니다. 샤먼적 병인病因은 환자의 사회적, 문화적 환경과 밀접한 관계를 가집니다.

서구의 과학적 의학은 병증을 나타내는 생물학적 메커니즘과 생리학적 과정에 초점을 둠에 반해 샤머니즘은 병이 발생한 사회적, 문화적 맥락에 주로 관심을 가집니다.

질병의 과정은 전부 무시되거나 2차적 중요성으로 밀려납니다. 서구의 의사가 병인에 대한 질문을 받으면 박테리아나 생리적 장애를 이야기하지만, 샤먼은 경쟁, 질투나 욕망, 마녀나 악녀, 환자 가족의 잘못 또는 환자나 그 친척 중 누가 도덕적 질서를 지키지 못했다는 등의 방법을 이야기 합니다.

전통적 샤머니즘에서는 인간 존재를 주로 두 가지 방법으로 생각합니다. 즉 살아 있는 사회적 집단의 일부로서, 그리고 영혼과 귀신이 인간사에 관여하는 문화적 신앙 체계의 일부분으로 보는 것입니다.

환자의 개인적 심리 상태나 정신적 상태는 별로 중요시 하지 않습니다. 남자나 여자를 두드러진 개체로 보지 않고, 병을 포함한 그들의 이력이나 경험은 사회 집단의 일부인 데에서 연유되는 결과로 봅니다.

어떤 전통에서는 인체의 기관, 육체적 기능 및 개인의 특정이 사회적 관계, 식물 및 환경적 현상과 분리될 수 없이 연결되어 있을 정도로 사회적 맥락이 강조되어 있습니다. 예를 들면 인류

학자들이 자이레(Zaire) 한 마을에서 관찰한 의료 체계에서는 이 문화가 가지고 있는 인체에 대한 생각으로부터 단순한 해부학적인 인간 육체도 찾아내기 힘들었습니다. 왜냐하면 개인이란 것의 유효 한계가 고전적 서구 과학과 철학에서 보다 훨씬 넓게 그어지기 때문입니다. 이러한 문화에서의 병인을 규명하는데 있어서 정신적이거나 육체적 요인보다, 사회적 환경이 압도적으로 중요시 되고 따라서 이러한 의료 체계는 흔히 전일적이 아닙니다. 원인을 규명하고 증상을 진단하는 것이 실제 요법보다 더 중요한 때가 있을 수 있습니다. 진단이 전 부락민 앞에서 행해지는 경우가 종종 있으며, 여러 가지 불편한 사항이 일어나기도 합니다. 샤먼 요법은 육체적 병에 대한 심리적 기술을 적용하는 정신-신체적 접근을 일반적으로 따릅니다.

이 기술의 중요 목표는 환자의 사항을 우주 질서 속으로 재통합 하는 데 있습니다. '레비스트로스'는 샤머니즘에 대한 고전적 논문에서 중미中美의 복잡한 치료 의식을 기술했는데, 그 기술에 따르면 샤먼은 환자에게 문화적 환경을 상기시키고, 환자의 전체와 통합되어 모든 것이 의미를 가지게 되도록 하는 적절한 상징을 사용하여 환자를 치료하는 것이었습니다.

환자가 일단 그의 사항을 넓은 맥락에서 이해하고 나면 치유가 행해지며 환자는 낫게 됩니다. 샤먼적 치료 의식은 무의식적 갈등과 저항을 의식 수준으로 불러일으키고 거기서 자유롭게 발전시켜 해결을 보게 하는 기능을 가지고 있습니다. 이것은 또한 현대 정신요법의 기초적 역학力學이며, 샤머니즘과 정신요법 간에는 진정으로 여러 가지 유사성이 있습니다.

샤먼들은 현대 정신의학자들이 재발견하기 전에 이미 여러 세기 동안 집단 공유, 심리극, 꿈의 해석, 암시, 최면, 유도 심상, 환각요법 등의 치료 기술을 사용해 왔으나, 이들의 접근법 사이에는 중대한 차이가 있습니다.

현대 심리 치료자들이 환자로 하여금 그들의 과거에서 끄집어낸 요소로 개인적인 신화神話를 구성하는 것을 도와주는 반면, 샤먼은 이전의 개인적 경험에 제한되지 않는 사회적 신화를 구성하는 것을 도와줍니다. 실제로 개인적인 문제와 필요는 무시되기 쉽습니다.

샤먼은 문제를 발생시키는 환자의 개인적 무의식은 관심 없으며, 전체 집단이 공유하고 있는 집합적이고 사회적인 무의식이 문제인 것입니다. 환자의 신체적 문제를 넓은 맥락으로 통합하기 위해 샤먼이 사용해 온 많은 종류의 심리적 기법에 최근 개발된 정신-신체 상관 치료법에 많은 것을 제공할 것입니다.

세계의 주요 문화가 개발하였고, 기록에 의해 수천 수백 년을 전승해온 '고도의 전통' 문화 의료 체계의 연구로부터 비슷한 통찰을 얻을 수 있습니다. 이 전통의 지혜와 정교함은 두 개의 고대-서양과 동양-의료 체계로 나타났고, 여러 면에서 서로 비슷합니다. 그 중 하나가 서양의학의 뿌리가 된 히포크라테스 의학의 전통이고, 또 다른 하나는 동아시아의 의학적 전통의 기반이 된 고대 중국의 의학 체계입니다.

여기서 우리들은 서양의학의 뿌리가 된 '전헬레닉(pre-Hellenic)' 시대까지 뿌리가 소급되는 고대 그리스의 치료 전통에서 발생된 것입니다. 고대 그리스 사람들의 전체가 치료는 기본적으로 영적 현상이며, 많은 신과 결합된 것으로 보았습니다.

초기의 치료 신神 가운데 유명한 것이 '히기에이아(Hygieia)'로서, 이것은 뱀의 상징과 관련이 있고 겨우살이를 만병통치약으로 사용한 크레타의 여신 '아테나(Athena)'의 많은 현신 중의 하나입니다. 이 여신의 치료 의식은 여 사제들에 의해 호위되는 비밀이었습니다.

기원전 2000년대 말경 세 차례의 미개

인의 그리스 침략이 있었고, 대부분 초기 여신의 신화가 왜곡되어 여신은 더 강력한 남신의 친척으로 표현되는 새로운 신화 체제로 변화하였습니다. 이러한 이유로 히기에이아는 '아스클레피오스(Asclepios)'의 딸이 되어버렸습니다. 아스클레피오스가 지배적 치료신이 되어 그리스 전역의 사원에서 예배되었습니다.

어원적으로 겨우살이와 관련이 있는 아스클레피오스를 예배하는 데에 뱀은 중요한 역할을 계속하였고, 아스클레피오스의 막대기를 감고 있는 독사가 이후 영원히 서양의학의 상징이 되었습니다. 건강의 여신인 히기에이아는 여전히 아스클레피오스 예배와 결부되었고, 여동생 파나케이아(Panakeia)와 함께 아버지 옆에 종종 나란히 세워졌습니다.

신화의 새로운 해석에서 아스클레피오스와 결합된 두 여신은 고대 그리스에서와 마찬가지로 오늘날에도 유용한 치료술의 양면인 예방과 치료를 나타냅니다. 히기에이아-건강-는 현명하게 사는 사람에게 건강을 준다는 지혜를 의인화하여 건강관리에 관여하게 되었습니다.

파나케이아 - 만병통치는 식물이나 대지로부터 나오는 치료약의 지식을 전문으로 합니다. 만병치료 방법을 찾는 것이 두 명의 여신으로 상징되는 건강관리의 양면 사이의 균형을 대체로 상실한 현대 과학적 생의학의 지배적 과제였습니다.

아세클레피아 의식은 꿈에 근거를 둔 사원보육이라고 부르는 독특한 치료 형태를 가지고 있었습니다. 신의 치유 능력을 믿는 확고한 신앙에 뿌리를 둔 이 방법은 최근 융 학파의 심리요법자들이 현대적 용어로 재해석을 시도한 효과적인 치료과정을 구성하고 있었습니다. 아스클레피아 의식은 그리스 의학의 한 단면을 대표할 뿐이며, 그리스의 의사들은 스스로를 아스클레피아드(Asclepiads)-아스클레피오스의 아들들이라고 불렀습니다.

서구의학에 지대한 영향을 끼친 히포크라테스는 그리스 의학의 정상을 대표하고 서구 의학에 영원한 영향을 미쳤으며, 히포크라테스 의학의 핵심은 병이 악마나 초자연적인 힘에 의해 발생하는 것이 아니고, 치료 과정과 현명한 생의 관리에 의해 영향을 받고 과학적으로 연구 가능한 자연 현상이라는 확신입니다. 그러므로 의학은 자연과학에 근거를 두고, 병의 진단과 치료와 함께 예방까지도 포함하고 포괄하는 하나의 학파로 실전되어야 합니다. 우리들에게 중요한 영향을 끼친 저서 중 『공기, 물, 장소에 관하여』는 인간 생태의 명제라 부르고 있는 것을 대표하고 있습니다. 이 정도에서 서양 의학적 심리 그리고 서양학의 변천사를 살펴보았습니다.

그렇다면 동양의 심리와 의학의 변천사를 역시 위 저자의 도서에서 발췌해 살펴봅니다. 이즈음에서 이 졸저의 저자가 왜 의학의 발전사를 옮기는 것이지?라고 의문을 가지시는 분들이 많이 계시리라 봅니다. 그러나 사실 이 의학의 발전사를 잘 이해하다 보면 이 저자가 전하려는 졸저의 핵심과 연간관계가 있음이니, 함께 잘 살펴보도록 합니다.

서양의 의학자 히포크라테스의 주제-평형상태로의 건강, 환경의 중요성, 정신과 신체의 상호 의존성, 자연 본유의 치유력인데 이와 상이한 문화적 내용을 가진 동양의 고대 중국에서도 발달되었습니다.

중국 고전 의학은 샤면적 전통에 뿌리를 두고 있으며, 고대의 두 주요 철학 학파인 도교와 유교에 의해 형성되었습니다.

한漢 시대(B.C. 206~A.D. 220)에 이르러 중국 의학은 사상적 체제를 갖추고 고전 의서에 기록되기에 이릅니다. 초기 의서들 중 가장 중요한 것이 의학의 고전인 "내경內徑"이며, 이것은 의학 이론과 함께 인체 기관의 병과 건강을 명쾌하고 매력적인 방법으로 전개하고 있습니다. 고대 중국에서 발달한 다른 모든 전통적 이론과 마찬가지로 음과 양이 중심이 되고 있습니다. 자연과 사

회 등 모든 우주는 모
든 구성 요소가 두 개
의 원극 사이를 변화하
는 역동적 평형 상태
하에 있습니다. 인체
의 기간은 하나의 소유
주로서 각 부분은 음과
양의 성질을 부여 받고
있고, 위대한 우주 속
에서 각 개인의 위치가
확고히 서 있습니다.

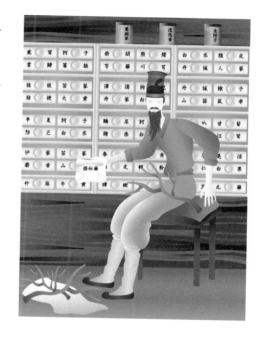

그리스 학자들과는 달리, 중국인들은 물체와 사건의 인간관계
보다는 동시성同時性 형태에 깊은 관심을 가지고 있었습니다. 니
덤은 이 태도를 '상관성 사고(correlative thinking)'라고 적절히 표
현하고 있습니다.

　물체의 특정 행위는 이전의 행동이나, 다른 물체의 충동이 반
드시 있어서가 아니고, 영원히 움직이는 우주의 순환 속에서 그
들의 위치가 그렇게 하지 않으면 안 되는 본래의 특성이 주어졌
기 때문에 발생합니다. 만약 특정 방법으로 해당하지 않으면 전

체 속에서 관계 위치를(이것이 그들을 그들이 되게 하는 것) 상실하게 될 것입니다. 그들이 아닌 다른 것으로 변화시켜 버립니다. 이 상관적이고 역동적인 사고방식이 중국 의학 개념 체제의 기본입니다. 개인의 건강과 사회의 건강은 위대한 질서 형태의 부가결한 일부이며, 병은 개인적 또는 사회적 수준의 부조화입니다.

우주의 질서 형태는 대응과 연관의 복잡한 체제로 고전적 원본 속에 극히 상세하게 도식화 되어 있습니다. 음양의 상징과 더불어 오행五行이라는 체제를 사용하였는데, 이것은 보통 다섯 가지 요소로 번역되고 있으나 너무나 정태적情態的입니다.

행行은 '행동 한다' 또는 '한다'의 뜻이니, 다섯 가지 개념은 목木, 화火, 토土, 금金, 수水와 결합 되어 있으며 또 다른 하나의 정교한 순환적 질서 속에서 서로가 이어 받고 영향을 주는 성질들입니다.

포커트는 오행을 다섯 개의 진화상(進化相, Evolutive phases)으로 번역하였는데, 중국어에 담긴 역동적인 의미를 더 잘 나타내고 있는 것 같습니다. 이 다섯 개의 진화상으로부터 중국인은 전 우주에 확대되는 대응 체제를 유도 하였습니다.

계절, 대기의 영향, 색色, 음音, 신체의 부분 감정 상태, 사회관계 및 수많은 현상들이 오행과 연관되는 다섯 개의 형태로 분류

됩니다. 오행설과 음양의 순환이 융합되어 우주의 모든 면이 역동적 형태의 전체 속에서 잘 정의되고 기록될 수 있는 정교한 체제가 나온 것입니다. 이 체제가 병의 진단과 치료의 이론적 기반을 형성합니다.

육체에 대한 중국인들의 생각은 언제나 그 기능에 치부하여 해부학의 정확성 보다는 오히려 각 부분의 상호 연관성에 관심을 두었습니다. 따라서 중국적 개념에서는 신체의 기관은 전체의 기능 체계와 연관 되는 것으로서 체계 내에서의 특수 부분이라는 맥락 속에서 고려되어야 하는 것입니다. 예를 들면 폐에 대한 생각에도 폐 자체만이 아니라 전체적인 호흡 통로 즉 코, 피부 및 이들 기관과 관련된 분비물 까지 포함됩니다. 대응 체계 내에서 폐는 금속, 백색, 매운맛, 슬픔, 소극성, 기타 각종의 성질 및 형상과 관련이 있습니다.

인체를 상호 의존하는 불가분의 체계로 보는 중국적 사고는 데카르트적 고전 모델 보다는 현대의 시스템적 접근과 명확히 더 가깝고, 이 유사성은 중국인이 관계의 망을 본질적으로 역동적이라고 생각하는 사실에 의해 더 강화 됩니다.

우주 전체와 마찬가지로 개인의 기관도 기氣의 흐름이라는 말로 표현 되는 연속적, 다면적 및 상호 의존적 변동 상태 하에 있다고 봅니다. 중국 자연철학의 거의 모든 학파에서 중요한 역할을 하는 기의 개념은 완전히 역동적인 실제 개념을 의미합니다.

그 말은 문자적으로 가스(gas)나 에테르(ether)를 의미하는 것으로 고대 중국에서는 생명의 호흡 또는 우주를 생동시키는 에너지를 기술하는데 사용하였습니다. 그러나 서양 용어인 가스나 에테르는 둘 다 이 개념을 적절히 표현 하지 못합니다.

기는 물질이 아닐 뿐 아니라 우리의 에너지란 과학적 개념처럼 순수한 양적인 의미도 가지지 않습니다. 중국 의학에서는 조직체와 환경 사이의 연속적인 교환과 함께 인간 유기체 내의 각종 흐름과 변화를 이 말을 사용하여 미묘하게 표현합니다.

기는 어떤 특정한 물질의 흐름을 말하는 것이 아니라 중국적 관점에서는 언제나 순환하는 흐름의 원칙을 나타내는 것으로 보입니다. 기의 흐름이 사람의 생명을 유지합니다. 따라서 기가 적절히 순환하지 않을 때에는 불평행으로 병이 발생합니다.

일정한 기의 통로가 있어서 이를 경맥硬脈이라고 부르며 'meridian'이라고 영어로 번역되고 있는데, 이것은 일차적 기관들과 연관이 있고 음양의 성질을 가집니다. 이 경맥을 따라 일련의 혈穴인이 있는데 이것은 인체 내의 여러 흐름의 과정을 자극하는 데에 쓰일 수 있습니다.

서양과학의 관점에서 볼 때 이 혈들은 신체의 다른 표면에서 볼 수 없는 뚜렷한 전기적 저항과 열민감성(thermosensitivity)을 갖고 있다는 상당히 많은 보고가 있기는 하나 경맥의 존재에 대한 과학적 존재는 아직도 없습니다.

　중국의 건강관의 핵심 개념은 평형입니다. 병은 육체가 평형을 상실하고 기가 적절히 순환치 못할 때 나타난다고 고전은 전합니다.

　이러한 불평형의 원인은 여러 가지입니다. 나쁜 식사, 수면부

족, 운동부족, 가족이나 사회의 부조화 상태에서 신체는 평형을 상실하고 병이 발생합니다.

외부적 요인 중 계절의 변동이 특별한 주의를 요하는 것이며, 신체에 대한 계절의 요인이 상세히 설명되어 있습니다. 내부적 요인은 사람의 감정적 상태의 불균형에 있는 것으로 보고, 이것은 다음 체계에 따른 특정 내부 기관과 연관시켜 분류됩니다. 병을 외부에서 침입하는 인자의 결과로 보지 않고, 부조화와 불평등을 유발하는 형태적 원인에 기이하는 것으로 봅니다. 그러나 인체를 포함하는 모든 것의 특성은 역동적 평형상태로 회복하려는 자연적 경향을 가지고 있습니다.

평형의 유지와 파괴는 생의 순환에서 끊임없이 발생하는 자연 과정의 하나입니다. 따라서 전통적 고전에서는 건강과 병 사이에 명확한 경계선을 긋지 않습니다. 건강과 비 건강 둘 다 자연적인 것이며 연속의 일부로 봅니다.

이렇게 간략하나마 동양의 의학 까지 설명을 옮기면서 이 저자가 왜 이렇게 까지 설명을 하는지 이해되었으리라 믿으며, 우리들에게 외적인 조건인 자연의 흐름과 내적인 요인인 심리적 요인이 따로 존재할 수 없다는 것을 다시 확인해 드리고자 했던 것입니다.

7-2 시공時空 여행

핵물리학의 무의식 심리학이 서로 독립적으로 그리고 반대 방향에서 초월적 영역으로 전진해 감에 따라 그 둘은 조만간 밀접히 접근할 것이다. 정신은 물질과 완전히 다른 것이 아니다. 그렇지 않다고 하면 어떻게 그것이 물질을 움직이겠는가? 또한 물질은 정신과 동떨어진 것일 수 없다. 그렇지 않다면 어떻게 물질이 정신을 만들어 낼 수 있는가? 정신과 물질은 동일한 세계에 존재하며, 하나는 다른 하나에 참여 하고 있다. 그렇지 않으면 어떤 상호 작용도 불가능할 것이다. 따라서 연구만 충분히 진전되면 물리학과 심리학 개념의 궁극적 일치점에 도달할 것이다. 우리의 현재 시도가 무리해 보일지 모르지만, 나는 그들이 바른 방향에 있다고 믿는다.

위의 내용은 심리학자이며 물리학에도 많은 저변을 가지고 있는 융의 저서 내용 중 일부인데, 사실 융의 접근은 옳은 방향인 것으로 보이며, 프로이트와 융의 많은 차이점은 고전 물리학과 현대 물리학 즉 기계론적인 것과 전일적 모델이 비슷합니다. 프로이트의 정신 이론은 인간 유기체가 복잡한 생물학적 기계라는 개념에 기초를 둔 것입니다.

심리적 과정은 육체의 생리학과 생화학에 깊이 뿌리를 박고 있으며, 뉴턴 역학의 원리를 추종하였습니다. 이와 대조적으로 융은 심리현상을 특수 메커니즘으로 설명하는데 그리 흥미를 가지지 않고 정신을 전체성으로 이해하려 했으며, 특히 그것과 더 넓은 환경과의 관계에 대해 관심을 가졌습니다.

정신 현상의 역동성에 대한 융의 생각은 시스템적 견해와 아주 접근하고 있습니다. 그는 정신을, 반대되는 두 극 사이를 변화하는 특성을 가진 자기 통체적인 역동적 시스템으로 보았습니다.

이 역동성을 설명하기 위해 프로이트의 '리비도'라는 말을 사용했지만, 대단히 상이한 의미를 부여하였습니다. 프로이트가 리비도를 성性과 밀접한 관계로 본 반면, 융은 이것을 인생의 기본적 역동성을 나타내는 일반적 정신 에너지(psychic energy)라고 파악하였습니다.

　융은 자신이 이 리비도라는 용어를 라이히의 생체에너지라는 의미로 사용하고 있음을 잘 알고 있었으나, 현상의 심리적 면에만 전적으로 집중하였습니다. 프로이트와 융의 심리학의 근본적 차이는 무의식을 보는 그들의 견해에 있습니다.

　프로이트에게 있어서는 무의식이란 한 번도 의식되지 않았던 요소와 기타 망각되었거나 억압된 것들을 담고 있는 현저히 개인적 성질의 것이었습니다.

　융도 이러한 면을 인정했으나 그는 무의식은 그것 이상이라고 믿었습니다. 그는 무의식을 의식의 근원이라고 보았으며, 우리는 우리의 인생을 프로이트가 믿었던 것처럼 백색판(tabularasa)으로서가 아니라 무의식으로 시작한다 여겼습니다.

　융에 의하면, 의식적 마음은 '이것보다 훨씬 오래된 무의식의 정신으로부터 자라나며, 이것과 더불어 또는 이것에도 불구하고 작용하는 것'입니다. 따라서 융의 무의식 정신의 영역을 두 가지로 분할하였습니다.

　즉 개인에게 속하는 인간의 무의식과 또 다른 하나는 정신의 더 깊은 층을 대표하며 모든 인류에게 공통된 집단 무의식의 두 가지 영역입니다. 융의 집단 무의식 개념은 그의 심리학을 프로이트 뿐 아니라 기타 모든 것과 구분합니다. 이는 기계론적 기본 구조 안에서는 이해될 수 없고, 정신의 시스템적 견해와 일치하는 개인과 인류 간의 전체적인 –사실 어떤 의미로는 개인과 우주간의– 연결을 시사합니다.

집단적 무의식을 기술하려는 시도로 융은 당시의 물리학자들이 아원자 현상을 기술하기 위해 사용 했던 것과 놀랍게도 비슷한 개념을 사용하였습니다. 그는 무의식을 그가 원시형原始型이라고 부른 '집단적으로 존재하는 역동적 형태를 포함하는 과정'으로 보았습니다.

인간의 오랜 경험에 의해 형성된 이 형태는 꿈에서와 함께 세계에 대한 신화와 동화에서 발견되는 우주적 동기에 반영되어 있습니다. 융에 의하면 원시형은 '특정 형태의 인식과 행동의 가능성만을 단순히 표현하는 내용이 없는 형태'입니다.

비록 이들이 상대적으로 구분될 수 있지만, 이들의 우주 형태는 각각의 원시형이 궁극적으로 다른 모든 것을 내포하는 관계의 그물 속에 들어 있는 것입니다.

프로이트와 융은 둘 다 종교와 영성에 대해 깊은 관심을 가지고 있었으나, 프로이트가 종교적 신앙과 행위에 대해 합리적이고 과학적인 설명을 찾아야 한다는 필요에 집착해 있었음에 반해 융의 접근은 보다 직접적이었습니다.

그의 많은 개인적 종교 경험이 생에 있어서의 영적 차원의 실재를 그에게 확신시켰습니다. 융은 비교 종교와 신화를 집단 무의식에 대한 독특한 정보원으로 간주했으며, 진정한 영성을 인간 정신의 불가분의 부분으로 보았습니다.

융의 영적 지향은 그에게 과학과 이론적 지식에 대한 넓은 시야를 가져다주었습니다. 그는 합리적 접근이 여러 가지 접근법 중 하나일 뿐이며, 이들은 모두 다르지만 다 같이 유용한 실재의 기술을 해 주는 것으로 보았습니다.

심리학 형태에 대한 그의 이론에서 융은 개인에 따라 정도의 차이가 있는 인간 정신 기능의 4가지 특색-감각, 사고, 감정, 직관-을 이전하였습니다.

과학자는 주로 사고 기능으로부터 하지만, 인간 정신에 대한 그 자신의 탐구에는 논리적 이해를 넘어서야 할 필요가 어떤 때는 있다는 것을 융은 잘 알고 있었습니다.

예를 들면 집단 무의식과 그 형태 즉 원시형은 정확한 정의가 불가능하다는 것을 거듭 강조 하였습니다. 여기서 인본주의적 심리학 학파인 '아브라함 매슬로(Abraham Maslow)'는 저급 본능에 지배되고 있는 존재라며 프로이트의 인간성 견해를 거부하고, 프로이트의 인간 행위 이론이 신경질적이며 정신이상적인 개인의 연구에서 도출되었다고 비판하였습니다.

매슬로는 가장 좋은 인간이 아니라 가장 잘못된 인간의 관찰을 토대로 한 결론은 인간 본성에 대한 왜곡된 견해를 초래하기 쉽다고 생각했습니다.

"프로이트는 심리학의 병든 반쪽을 우리에게 보여 주었으며, 이제 우리는 건강한 반쪽을 배워야 한다."라고 그는 쓰고 있습니다. 그러면서 그는 행동주의의 기계론적 경향성과 정신분석의 의학 지향성에 대항하기 위해 심리학의 인본주의적 접근을 "제3세력(third force)"으로 제안하였습니다.

쥐, 비둘기, 당나귀를 연구하는 대신 인본주의적 심리학자는 인간 경험을 초점으로 하였으며, 감정이나 욕구나 희망 등도 외부의 영향만큼 종합적 인간 행위 이론에 중요하다고 주장하였습니다.

또 다른 심리학파는 각기 다른 심리학을 하나로 통합하는 윌버(Ken wilber)가 제안한 스펙트럼 심리학입니다. 이것은 서양과 동양의 여러 가지 접근법을 종합하여 인간 의식의 스펙트럼을 반영하는 심리적, 스펙트럼적인 모델과 이론입니다. 이 스펙트럼의 각 수준 대(帶 band)는 우주의식의 최고 인식에서부터 극히 좁은 자아에 이르는 각기 다른 인식을 가지고 있는 것이 그 특색입니다.

월버의 스펙트럼 심리학과 완전히 일치하는 또 다른 지도가 그로프의 아주 다른 접근법을 통해 발달되었습니다. 월버가 심리학자 및 철학자로서 의식의 연구에 접근하였고, 명상의 실천이 그의 통찰을 유도하는데 기이한 반면, 그로프는 다년간의 임상 경험적 모델을 기초로 한 정신의학자로서 접근해 갔습니다. 17년간 그로프는 LSD 및 각종환각제를 사용하는 정신요법의 임상적 연구에 종사했습니다. 이 기간 동안 그는 3천여 명의 환각자들과의 대화를 주도했고, 유럽과 미국의 그의 동료들이 이룩한 2천여 명의 대화 기록들을 검토하였습니다.

그 후 LSD를 둘러싼 여론의 반대와 그에 따른 법적 제재로 그는 환각제 요법을 포기하였고, 약재를 사용하지 않고 유사한 상태를 유도하는 치료법을 개발하게 되었습니다.

광범위한 환각 경험의 관찰을 통해 그로프는 LSD가 무의식의 심층으로부터 각종 요소를 표출시키는 심리 과정의 비 특정적 촉매는 증폭제라는 것을 확신하게 되었습니다.

LSD에 취한 사람은 연구 초기에 정신의학자들이 믿었던 것처럼 유해한 정신 이상을 경험하는 것이 아니라, 오히려 정신의 정

상적인 무의식의 영역으
로 일종의 여행을 떠난
것입니다.

　따라서 그로프에 의하
면, 환각적 연구는 각성
제의 특수한 효과를 연구
하는 것이 아니라 강력한
화학적 촉진제의 도움을 받아 인간 정신을 연구하는 것입니다.

　"정신의학과 심리학에서의 이들 중요성을 의학에서의 현미경
이나 천문학의 망원경에다 비교하는 것은 적절하지 못하거나 과
장된 일이 아닌 것 같다."라고 그는 썼습니다.

　또한 그로프는 '출생과 인간 실존의 알파와 오메가이며, 이들
을 포함하지 않은 어떤 심리학적 체계도 파상적이며 불완전한
것이 될 것이라고 적고 있습니다.

　　정신 요법의 절차 속의 출생과 사망의 경험적 만남은 사람들
　　로 하여금 생명의 의미와 삶의 가치를 진지하게 생각할 것을
　　강요하는 진실한 실존적 위기이다. 임박한 죽음의 가능성을
　　배경으로 하고 볼 때에는 세속적 야망, 경쟁 행위, 지위욕, 권

력 및 물질 소요의 욕망 등 이 모든 것이 사라져버린다. 야키(Yaquiw)족의 마법사 돈후안(Don Juan)의 가르침을 재평가하면서 카스타네다(Carlos Castaneda)는 이것을 다음과 같이 표현했다.

"당신의 죽음이 당신을 손짓하거나 또는 당신이 그것을 엿본다면 막대한 양의 사소한 것들이 멀어져 버린다…죽음은 우리가 가진 유일한 현명한 조언자이다."

여기까지 옮겨드리면서 우리들은 중요한 것을 알게 됩니다. 태어남과 죽음이 기쁘고 슬프기만 할 것들인지? 또한 정신적 병과 심리의 치료 등 무엇을 바른 것이다 라고 정의할 수는 없다는 것을, 또한 우리들은 현재 자신의 생각 범주를 더욱 폭 넓게 사용하려고 노력함이 꼭 필요하다는 것을, 강조하고자 이렇게 긴 장을 정리하여 옮겨드림이 도움이 되었으리라 자평하며 넘어가려 합니다.

7-3 새 에너지 태양

생에 대한 시스템적 견해는 행동과학과 생명과학 뿐 아니라, 사회과학 특히 경제학의 기초로도 적절합니다. 실재적으로 우리가 당면하고 있는 모든 경제 문제는 데카르트적 과학으로는 결코 이해할 수 없는 시스템적 문제이기 때문에 경제 과정과 작용을 설명하기 위해 시스템적 개념을 적용하는 것이 특히 긴급한 일입니다.

재래의 경제학자들은 신고전주의, 케인스 학파 또는 후기 케인스 학파를 막론하고, 생태적 시각을 일반적으로 가지고 있지 않습니다. 경제학들은 경제가 담겨 있는 생태의 그물로부터 경제학을 분리하여 극히 단순하고 극도로 비현실적인 이론 모델로 이것을 설명하려고 합니다.

적절한 생태계 맥락을 무시한 채 협소하게 정의되어 사용되는 대부분의 경제학의 기본 개념은 근본적으로 상호 의존적인 세계의 경제 활동을 묘사하기에 부적합한 것입니다. 과학적 엄밀성을 지키기 위한 그릇된 노력을 하고 있는 대부분의 경제학자들은 그들의 모델의 기반이 되는 가치 체계를 분명히 인정하기를 기피하고, 우리 문화를 지배하고 우리의 사회제도 속에 들어 있는, 크게 평형을 잃은 일련의 가치들을 암암리에 받아들이기 때문에 이 상황은 더욱 악화 되고 있습니다.

이러한 가치들은 하드테크놀로지, 낭비성 소비, 자연 자원의 급속한 착취를 유도 했는데, 이들은 모두 성장이라는 것에 대한 끈질긴 집착에 동기가 있는 것입니다. 무분별한 경제적, 기술적 및 제도적 성장이 이제는 생태적 재해와 기업 범죄의 확산과 사회의 분해와 핵전쟁의 가능성 까지 증가시키고 있음에도 불구하고, 대부분의 경제학자들은 아직도 이것을 '건전한' 경제라고 여기고 있습니다….

경제에 대한 시스템의 접근은 경제학자에게 긴급히 필요한 생태적 안목을 갖게 함으로써, 현재의 개념적 혼란에 어떤 질서를 부여 할 수 있게 만들 것입니다.

시스템적 견해에 따르면 경제란, 인간과 사회 기관으로 구성된 살아 있는 시스템이며, 이들은 서로 간에 그리고 우리의 생명이 의존하고 있는 주위의 생태계와 지속적인 상호 작용을 합니다. 인간 개체의 각 기관과 마찬가지로 생태계에도 자기 조직이며, 자율적인 시스템으로서 그 속에는 동물, 식물, 미생물 및 무생물이 물질과 에너지의 연속적 순환 형태를 내포하고 있는 복잡한 상호 의존의 망에 의해 연결되어 있습니다.

그러나 우리는 너무나 지나치게 논리적 기계화된 사회에 의해 슬프게도 무시되어 온 것입니다. 시스템적 지혜는 자연의 지혜에 대한 깊은 존경에 기반을 두는 것이며, 이것은 현대 생태학의 통찰과 전적으로 일치합니다. 우리의 자연 환경은 토양, 물, 공기 같은 분자들을 계속 사용하고 재순환시키면서, 수십억 년 이상을 공동 진화해 온 무수히 많은 유기체가 살고 있는 생태계로 구성되어 있습니다.

이러한 생태계의 조직 원리는 최근에 발전된 단기 직선형 발상(short linear projection)에 근거하고 있는, 인간 기술의 조직 원리 보다 훨씬 우위에 있는 것으로 고려되어야 한다 라고 적고 있습니다. 다만 이 장에서 이 저자가 독자들에게 전하려는 것은, 경제가 주된 것이 아니므로 생략을 하고, 다만 경제도 사회 구성 전체적 시스템화에 따른 경제학자, 심리학자, 정치학, 인류학자, 사회학, 생태학 등 다양한 부분의 학자들의 의견이 종합 되어야 하듯이, 자연 역시 그러한 다양한 각기 분야의 진화성으로 상호 의존 관계로 이어져 간다는 것이니, 어찌 하나의 부분인 경제학자 홀로만이, 나라의 경제를 살릴 수는 없다는 것입니다.

우리 인간들이 자신들의 편리함을 위해 마구 소비하고 있는 에너지가 영원하리라 착각하지 않기를, 이 저자 뿐 아니라 많은 학자들과 과학인들 그리고 천문학자 등은 간곡히 바라고 있을 것입니다.

우리가 사용하는 각종 에너지는 물론 인간이 생활함에 없어서는 안 될 것이나, 우리들은 우리들 자신만이 이 에너지원에서 숨 쉬고 살아가고 있다는 착각을 가져서는 안 된다는 것입니다. 이 자연은 분명 혼자의 움직임이 아닌, 우주 전체의 시스템적 유동 발생 에너지인 까닭입니다.

우리들은 현재 무분별한 성장이 단편화, 혼란, 의사소통의 광범위한 파괴를 동반한 경향을 보여 주고 있는데도, 많은 사람들이 이를 자신들과 동떨어진 일로 생각함이 심각합니다. 이와 동일한 현상은 세포 수준에서 발생하는 암의 특징이며, '암적 성장'이라는 말이 우리의 도시, 기술 및 사회제도의 과도 성장을

가장 적절하게 표현했다고 볼 수 있습니다. 현재 우리의 불평형 상태는 주로 무분별한 성장에서 오는 것이기 때문에, 양적 비대함이 마치 우리 시대 많은 이들이 비만으로 고통 받는 것과 비교해 봄은 어떨까? 과도한 성장의 예 중에 도시의 성장이 사회적, 경제적 평형에 대한 최대 위협의 하나이며, 따라서 비도시화가 더 인간적인 규모로 돌아가는 결정적 측면의 하나일 것입니다. 그리하여 인간적인 규모로 돌아간다는 것이 아니라, 반대로 정교한 새로운 형태의 기술과 사회 조직의 발달을 필요로 한다는 것입니다. 고도로 집약된 기술의 대부분이 이제 퇴폐화된 것입니다. 핵력核力, 휘발유를 먹어대는 자동차, 석유 산업의 보조를 받는 농업, 컴퓨터화한 진단 기구 및 기타의 수많은 고도기술 집약적 기업은 반 생태적이고 인플레적이며, 불건강한 것들입니다. 비록 이 기술들이 전자, 화학 및 기타 현대 과학 분야의 최근의 발명을 내포하고 있다고 하더라도 이들이 개발되고 적용되는 맥락은 실재에 대한 데카르트적 개념의 맥락입니다. 이것은 생태적 원리와 결합되어야 하고, 새로운 가치 체계와 일치하는 새로운 형태의 기술에 의해 대치되어야 합니다. 다행히도 이 대치 기술이 상당 부분은 이미 개발되고 있습니다. 이들은 지역적 조건에 상응하는 소규모이고 분산적이며, 지족성을 증대시키도록 설계되어 있어, 최대한의 유연성을 가지는 방향으로 나아가고 있습니다. 재생 가능한 자원과 일정하게 재순환하는 물질을 사용함으로써, 환경에 대한 영향이 크게 감소되었기 때문에 이들을 '소프트테크놀로지'라고 부르기도 합니다. 태양에너지 집전기, 지역적인 식량 생산과 가공, 폐품의 재생산 등이 소프트테크

놀지라 합니다….

물론 현재 자연을 이용한 에너지 개발에, 많은 힘을 기울이는 이유는 바로 자연환경 보존에 있습니다. 우리들은 아직도 반대의 의견을 무시하고 태양에너지를 사용하려는 노력이 대단합니다.

이것은 어찌 보면 인류가 살아가면서 필연적으로 하지 않으면 안 되는 과제일 것입니다. 이러한 노력이 누구를 지칭하는 것이 아니라 지구촌을 의지하는, 그 누구라도 해야 할 일이기 때문입니다.

이 저자가 이렇게도 프리초프 카프라 물리학 박사와 이시우 천문학 박사님의 저서 내용을 부분 그대로 이 졸저에 옮긴 것은, 우리가 살아가는 이 지구촌이 우리들의 욕심으로 차세대를 장담할 수 없는 물질적, 정신적 위기 상황이 눈앞에 다가 왔음을 상기하여, 자연재생 에너지로서 현존 상태의 지구라도 남겨놓아 보자는 의도이며, 이 지구가 속한 광대무변한 저 우주가 바로 나요, 우리라는 것을 확고히 해두기 위함입니다.

우주 천체에 모양을 가진 모든 것은
움직임으로 변화하는 과정만 있으니
고정된 모양은 없다.

이와 같은 이치로 보아
현재와 같은 나의 모습은
있다고 할 수가 없다.

이런 사실을 인정하지 못하고
현생에 집착을 가져
탐욕과 성내고, 어리석은 행동의 결과
고통으로 힘들게 살아가는 것이다.

세존의 삼법인

이 부족한 저자가 어렵고 난해한 학문을 빌고, 쉽고 짧지 않은 20년을 넘긴 수행을 통한 경험, 사회생활의 다양한 직업군에서 얻어진 경험을 바탕으로 우리들의 육신은 무엇이며, 우리 육신을 이끌고 있는 것은 무엇인지?

우리들의 고통은 왜 생기나?

무엇이 진정 우리가 원하는 것이며 우리의 행복을 위해서 반드시 알아야 하는 것은 무엇인가?

우리 자신이 노력을 다했다 하더라도, 원하는 것을 모두 이룰 수 없는 것은, 자신의 개인적 조건(능력)만으로 자신의 이상을 충족할 수 없는 것이기 때문입니다.

조건적 인연이 맞지 않는 것을, 어리석은 환상의 욕심으로는 이룰 수 없다는 것을 미리 알고서, 자신의 미래를 설계할 때에 자신이 원하는 것을 완벽하게 채우기에는 다소 부족할 수 있겠지만, 반드시 자신의 유익한 삶을 살아가는 방향을 찾으시는데, 작으나마 보탬이 될 것이라는 기대에, 이 저자의 경험을 나누고, 얄팍한 지식에서 얻어진 모든 것으로 이 졸저를 꾸몄지만, 독자분의 삶에 즉시 좋은 방향으로만 도움을 받을 수 있게 될 것이라는 욕심은 내지 않습니다.

사실적으로 우리 스스로를 냉정히 바라볼수 있는 방법을 몰라서 이 저자는 너무나 소중한 시간을 허비하고 많은 것을 모르면서도 잘난 척, 허세와 즉흥적 생각으로 살아왔던 지난 시간을 되돌아 살펴보면, 아쉬움에 가슴 언저리가 멍해집니다.

이 졸저를 인연 하시는 독자분들은 이 저자처럼 후회하는 삶이 없도록, 한 번뿐일지 모를 인간 생의 오늘을, 내일이 있으니까라는 잘못된 생각으로 미루어 버리는 어리석음으로 헤아릴 수 (이 시간을 어느 종교에서는 "백천만겁난조우百千萬劫難遭遇"라 표현합니다. 참고로 1겁은 실크로 된 천으로 바위산을 비벼 완전히 없어지는 것.) 없는 시간을 보낸 후에야 비로소, 오늘과 같은 자신 모습으로 하고 있음을 각인하시고, 이러한 소중한 지금을 허비하지 않았으면 하는 생각으로, 이 졸저를 어리석은 스승을 따르는 몇몇 제자들의 도움으로 꾸몄지만, 이 저자의 학식이 너무나 부족하여 혹여나 멋지고 알차지는 않다고 욕하실 수도 있겠지만, 개인적으론 열심히 노력하였습니다.

또한 후원을 주저하지 않았던 제자들에게 부끄럽지 않은 것은 나의 삶을 지금에 와서 되돌아보며, 지금의 이 삶이 너무나 자랑

스럽다고 장담할 수 있기 때문입니다.

이 저자는 하루, 하루 부딪치는 모든 일들이 내가 있으므로 생긴 일이니, 스스로의 탓으로 받아들이려는 마음가짐으로 살아가려 노력하면서도 잘되지 않을 때는 부처님의 명호를 되새기며, 여러 가지 망상에 휩쓸리지 않기 위해 화두를 챙기며, 긍정의 에너지로 살아가려고 무척이나 노력합니다.

세월이 꽤나 지나니 서서히 익어져 가는 중입니다.

여러분도 가벼운 생각으로 닥치는 모든 일들을 긍정적으로 받아들이고, 남 탓이 아닌 자신의 탓으로 모든 일과를 받아들이며, 살아가려고 노력하고 계신 지, 자신들의 하루하루를 확인해 보시길 바랍니다.

내가 태어난 것은,

우주 법칙인 조건적 인연법이요,

이 인연이 다하면,

나는 다시 나의 온 곳인 우주로 지금의 모양을 버리고,

각각의 원자나 전자, 분자로 흩어졌다가,

또 다른 조건적 인연으로 반드시 우주에 있는 어느 행성이나,

혹은 지구별에 다른 모양으로 오게 될 수 있음을 알았기에,

지금 이 모습으로의 마지막 시간이

너무나 소중하고 아름답다는 것을

독자분에게 강조드립니다.

내 주변의 형제나 부모는 물론, 동식물 어느 것 하나 우리와 동등하지 못한 것은 없습니다.

다만, 우리가 이러한 이치를 모르고 살면서 짧게 익힌 잘못된 습식으로 인하여 받아들이지 못하는 것일 뿐입니다.

우리의 육신은 우주 법계속의 아주 작은 먼지 크기인 태양계 내 지구별의 자연법칙을 빌어 만들어졌으며, 그 육신을 이끌고 있는 정신은 수십억 년 동안의 진화와 스스로 익힌 습식에 따라 움직이고 있는 것이며, 이 시간에도 우리가 행하는 행위 전부가 종자습이 되어, 나를 이끌고 있는 것입니다.

이를 믿고 아니 믿고는 독자분들의 자유입니다.

우리는 우주의 광활한 법계에서 하나원의 에너지를 공유하고, 의지하며 활동하는 에너지의 작용임을 다시 강조합니다.

자기 자신이 올바르고 곧은 사고로서 생활하면, 반드시 그 생각 방향의 결과를 맞이하게 됩니다.

다만, 그 결과는 우리가 살아온 생활의 습관에 따라 시간의 차이가 있다고 느껴질 뿐입니다.

현대 물리학박사들이 전하는 원자, 전자 중성자라는 입자의 세계처럼, 우리 육신 역시 입자로 이루어졌기 때문에 각각 하나로 나눌 수 없음을 분명히 해두어야 합니다.

부족한 학식이나마 뛰어난 물리학자들의 이론과 과학자들의 저서를 통하여, 때론 원저 내용을 그대로 일부는 저자의 얕은 식견을 더하여 전하게 된 것입니다.

많은 것이 때론 부족했을 것이며, 원저자의 뜻 한 바를 완벽하게 전하지 못했다 하더라도 넓은 마음으로 양지해주시리라 믿겠습니다.

더 많은 것을 전해드리고 싶지만, 저자의 식견이 여기까지 밖에 전할 수 없는 것이 무척이나 아쉽습니다.

그렇지만, 다시 한 번 강조드리며 이 졸저를 정리하려 합니다.

자신의 삶에서 가장 큰 힘은 스스로의 노력 결과에 만족하는 것이며, 자신의 목적이 분명하다면 반드시 이루어진다는 것을 믿는 것이요, 자신을 스스로 격려하는 마음 자세가 가장 소중합니다.

왜? 그럴까요!

사실,

우리의 고향은 우주가 아니라,

우리 스스로가 우주 자체이며,

자신이 전지전능한 빛이요!

자신의 한 생각이 희망의 결과이기 때문입니다.

인연된 모든 분의 삶이 행복하소서

2023년 갈무리에 즈음하여

무각 보선 합장

올_원

AII one

2023년 12월 12일 초판 인쇄
2023년 12월 22일 초판 발행
지은이 무각 보선 스님
펴낸이 신원식
펴낸곳 도서출판 중도
주 소 서울 종로구 삼봉로81 두산위브파빌리온 921호
전 화 (02) 2278-2240
팩 스 (02) 6442-2240
등 록 201-11-22898

ISBN 979-11-85175-69-0 (03450)

값 25,000원